数の概念

髙木貞治　著

ブルーバックス

装幀／芦澤泰偉・児崎雅淑
各章扉デザイン／浅妻健司
写真（著者）／講談社写真部
写真（解説）／岐阜県本巣市髙木貞治博士記念室

序

　うちの娘などは、大学で理科を卒業したのだけれども、$xy = yx$など、どうしてそうなるのだか、よくわかっていないようだ。このように、エドムンド・ランダウは、其の著"解析の基礎"の中に述べている。こうしたことは、うちの娘たちに限るまいから、一般読者のために、解析の基礎として、数の概念を、根本から、論理的に無欠陥なる体系として、展開して見せようというのであろう。

　デデキンドは其の名著"連続性と無理数"以前には、$\sqrt{2} \cdot \sqrt{3} = \sqrt{6}$など、未だ曾つて正確に証明されたことがないことを強調するあまり、論理的訓練を主眼とする数学教育に於て、このような問題が等閑に附せられることを痛烈に非難した。

　今日、$xy = yx$にしても、$\sqrt{2} \cdot \sqrt{3} = \sqrt{6}$にしても、周知であろうが、それが何故に然るか、又如何にして、それが証明されるか、ということになると、話は別である。しかし、解析学を学ぶものは、いつか一度は、根本に立ちもどって、数学知識の再検討をしてみる必要のあることは、言うまでもあるまい。そうして、そのとき第一に遭遇するのは、数とは何ぞやという問題であろう。しかもこれは一

般的教養としても、特に哲学的傾向を有する人々の関心をひくべき問題である。この問題を平易周到に解説することが、この小冊子の目標である。

　本書第1章では整数を論ずる。従来慣行のように、自然数だけを切り離して、それを数の概念の基盤とするよりも、むしろ直に正負の整数を一括して考察することが、必ずしも不自然でなく、数学的には、むしろ簡明であると、我々は考えた、即ち整数を一対一の自己対応を許す不可分なる一体系として規定するのである。この公理を解析して、整数の体系の二種の場合に到達する。その一つは、両方面に亙って限界を有せざる無限列で、それが通常の意味の正負の整数に外ならない。又他の一つは、環状に排列された有限集合である。このように、有限と無限（可附番の無限）とが、同一の根源から派生することに、我々は興味を感ずるのである。

　数学上の概念はすべて抽象的であるが、整数も勿論その例に洩れない。前に言うた整数の体系の内の一対一の対応は、各整数にその直後の整数を対応せしめるとき、各整数はその直前の整数に対応することを背景として、それを公理として立てたのであるが、我々はその対応を抽象的に考察するのであって、直前・直後というような具体的の意味は全く抽き去るのである。だから、我々の整数は、物の数でもなく、物の順序を示すものでもない。しかし、物の数を示すためにも、物の順序を示すためにも、なお一般に、

物の標識(符牒)としても用いられる。0は加法の規準として、我々が任意に整数の体系の中から取り出した一つの整数である。それは、無を示すものではない。整数を計量に応用するならば、我々の鼻が一つ・目が二つであることが、整数1,2で表現されるのが便利であろうが、それは言語の習慣に過ぎない。事実は、我々が常用の言語に順応して、我々の記号0,1,2を零,一,二と呼ぶことにしたのである。以上抽象的なる数学理論に慣れない読者のために、蛇足を添えた。

　思想上の根源に関しては、有理数を実数の一部として取扱うことにして、第2章では、有理数の理論を、既に完成された論理的構造として解説した。それは解析教程などで慣用の解説法の一範例を示すためである。時計を用いるものは、時計の機構を知らなくても、時刻を見ることさえ出来れば、事足るといった行き方である。

　第3章に於ては、実数を論ずる。実数は、古来、加法を許す順序集合として、直線上の点の集合を模型として、ひたすら直感に依頼して、考察されたが、十九世紀の後半に至って、批判数学の発展の後、連続性の本質が闡明されて、始めて論理的根拠を獲得したのである。連続性の概念に関して、直線とその直線上の点の集合とが、同一視せられるかに見えることを、常識が反撥すること、古今同撰である。実際、直線は、その上の点の集合ではあるまい。しかし、直線上の点の集合は、その直線の一つの特徴であ

って、両者の間に、一対一の対応が成立つから、両者の差別は、数学上の運用には、かかわりないこととして、我々はそれに頓着しないのである。それに頓着しない所に、実数論の本質があるというのが、むしろ肯綮(こうけい)に中(あ)たるのではあるまいか。

　それとは別に、連続性は順序の一つの様相として、無際涯ともいうべき潜在的可能性を包含する。それゆえ連続集合の中に於て、実数の体系を限定するには、特別なる制約を要する。直線の長さを模型として実数を考えるとき、加法の可能性は、自然的なる制約であろうが、若しも時間を模型とするならば、加法は甚だ作為的(intentional)といわねばなるまい。この欠点を救うものが、カントルの条件である。即ち、実数の体系を、可附番なる部分集合が、その中に稠密(ちゅうみつ)に分布され得る連続集合として規定するのである。連続集合に関しては、加法の可能性も、可附番部分集合の稠密分布も、効果に於ては同等なる制約である。これらの制約の種々相を超克して、適当なる極小条件を以て、実数を規定し得ることを、我々は最後に指摘する。整数に関する第二公理に於ける不可分性も、畢竟(ひっきょう)一つの極小条件であったことが、興味を以て回顧せられるのである。

　複素数は、解析学では重要であるけれども、それは多元数の特殊の一例で、おのずから別箇の思想圏に属するものとして、本書ではそれを述べない。

我々は、いわゆる数学基礎論に触れなかった。問題は、整数の理論の無矛盾性の証明である。無矛盾性の証明、"そんなことができるものか"(So was kann man ja nicht.)と、ランダウは勇敢に言い放つ（出所上掲）。我々は謙虚な態度で、そんなことのできるのを待っている。それができた上で、どんなものができたか、ゆっくり検討することにしても、晩くはあるまい、と思っているのである。

1949. 1. 7

著　者

目　次

序 …………………………………………………………………… 3

前書き ……………………………………………………………… 13

第1章　整　数 …………………………………………………… 19
　§1.　整数の公理 ……………………………………………… 20
　§2.　一般定理 ………………………………………………… 24
　§3.　無限列としての整数 …………………………………… 29
　§4.　加法 ……………………………………………………… 32
　§5.　乗法 ……………………………………………………… 38
　§6.　無限列の範疇性 ………………………………………… 43
　§7.　自然数、正負の整数 …………………………………… 46
　§8.　物の数、計量数 ………………………………………… 47
　§9.　無限集合 ………………………………………………… 49
　§10.　環 ………………………………………………………… 52

第2章　有 理 数 …………………………………………………… 57
　§11.　有理数の四則 …………………………………………… 58
　§12.　有理数の符号と大小の順序 …………………………… 66
　§13.　有理数の集合 …………………………………………… 68

第3章　実　数 …………………………………………………… 73
　§14.　連続集合 ………………………………………………… 74
　§15.　連続集合に関する一般的の定理 ……………………… 81
　§16.　加法公理 ………………………………………………… 88

- §17. 実数の概念 … 91
- §18. 数列の収斂 … 99
- §19. 乗法・除法 … 101
- §20. 十進法による実数の表現 … 106
- §21. 実数体系の特徴 … 111

附　録 … 119
- §22. カントル、メレーの実数論 … 119
- §23. 巾根について … 124
- §24. 加法公理の幾何学的の意味 … 126
- §25. 連続公理と加法公理との交渉 … 131

補　遺 … 137

解　説　　秋山　仁 … 139

さくいん … 205

数の概念

前書き

本書に於て、説明の語句が簡単でしかも明確なることを欲するとき、しばしば集合論の二三の記号を使用したい場合があるから、ここでそれらの意味を一応述べておく。

1. 指定されたある特徴を有するもの、又は指定されたある条件に適合するものの全体(ensemble)を一つの組(set)として考察するとき、それを**集合**といい、それら個々のものを集合の**元素**(又は略して**元**)という。

集合を定義する特徴又は条件によって、その集合の元素たるべきものの範囲が確定することが必要である[*]。

a なるものが集合 M の元素であることを、記号で $a \in M$(又は $M \ni a$)と書く。

2. 集合 M が、例えば三つの元 $a,\ b,\ c$ から成立つとき、それを
$$M = \{a,\ b,\ c\}$$
で表わす。又例えば
$$M = \{1,\ 2,\ 3,\ \cdots\}$$

---

[*] 楽師のアンサンブル、家具のセットなどは、卑近ながら、よく集合の意味にかなっている。もしも、集合(Menge)が群集を連想させるならば、範囲不明確で、集合の意に適しない。

のような略記法は、…で示唆される元が何であるかが、明確なるときに限ること、勿論である。上の例では、Mはすべての自然数の集合であることが黙会されているのである。

又
$$M = \{x\,;\,0<x<1\}$$
は、$0<x<1$ なる数 x の全部の集合を表わす。x は一般的に M の元を表わし、; の次に x を規定する条件を記すのである。このように、集合を示すのに、括弧 $\{\ \}$ が慣用される。

3. 集合 A, B が相等しい ($A=B$) というのは、A, B の元素が全体として全く同一なることを意味する。即ち $x\in A$ ならば $x\in B$ で、且つ $x\in B$ ならば $x\in A$。

4. [部分集合] 集合 A の元が、すべて B の元なるとき、A を B の**部分集合**という。記号では、$A\subset B$ (又は $B\supset A$)。これは $A=B$ をも含めていう。即ち B 自身をも B の部分集合の中に入れるのである。

$A\subset B$ で $A\not\supset B$ ($A\supset B$ でないこと) なるとき、特に A を B の**真の部分集合**という。記号：$A<B$。

$A\subset B$ で且つ $B\subset A$ ならば、$A=B$。相異なる条件によって定義された集合 A, B が、実は相等しいことが、しばしばこの原則によって証明される。即ち $x\in A$ ならば、$x\in B$ なること、及び逆に、$x\in B$ ならば、$x\in A$ なることが示されるとき、$A=B$ が確定するのである。

$A \subset B$, $B \subset C$ ならば、$A \subset C$。これは明白であろう。集合の包含関係の推移性である。

5. ［共通分（交）］　一つの集合 Ω の部分集合 A, B に共通なる元の全部は一つの集合を成す。それを A, B の**共通分**（又は**交わり**）という。記号：$A_\wedge B$。二つより多くの集合に関しても同様である。例えば $A_\wedge B_\wedge C$。無数に多くの集合、例えば A_1, A_2, $\cdots$, A_n, $\cdots$ の交を $\wedge_{n=1}^{\infty} A_n$ と書く。共通元がないときには、交は**空集合である**という。数の中へ零をも入れるのと同様に、元素の一つもない集合をも考えることが、しばしば便利である。本書では、空集合を O で表わす。

$A_1 \supset D$, $A_2 \supset D$, $\cdots$ なるときは、$A_{1\wedge} A_{2\wedge} \cdots \supset D$。実際 $A_{1\wedge} A_{2\wedge} \cdots$ は A_1, A_2, $\cdots$ に共通なる元の<u>全部</u>を含むから、D を含むのである。共通分は共通の部分集合の中で最大範囲のものである。

6. ［合併集合（結）］　一つの集合 Ω の部分集合 A, B の中の、少くとも一つに含まれる元の全体は、一つの集合を成す。それを A, B の**合併集合**（又は**結び**）という。記号：$A^\vee B$。A, B のような集合が、いくつあっても同様。特に、$A_n (n = 1, 2, \cdots)$ の合併集合を $\vee_{n=1}^{\infty} A_n$ とも書く。

$A_1 \subset M$, $A_2 \subset M$, $\cdots$ ならば、$A_1{}^\vee A_2{}^\vee \cdots \subset M$。即ち合併集合は A_1, A_2, $\cdots$ を部分集合とするすべての集合の中で、最小範囲のもので、それらの共通分である。

$A_1 \subset A_2 \subset \cdots \subset A_n \subset \cdots$ なるとき、合併集合 $M = \vee_{n=1}^{\infty} A_n$

は、ある番号のA_n、従ってそれ以上の番号のすべてのA_nに含まれる元の全体の集合である。例えば$A_n = \{1, 2, \cdots, n\}$ならば、$M$は自然数全体の集合である。

7.［余集合］ $A \subset M$なるとき、Mの元の中で、Aに含まれないものの全体をA'とすれば、A'は一つの集合を成すが、それをMに対するAの**余集合**という。従ってA'の余集合はAで、AとA'とはMに於て互に余集合である：
$$A \vee A' = M, \quad A \wedge A' = O$$
余集合A'を$M - A$と書く。

A, BがMの部分集合で、それの余集合をA', B'とするとき、
$$A \subset B \quad \text{ならば} \quad A' \supset B'$$
実際、xをMの元とするとき、$A \subset B$だから、$x \in A$ならば$x \in B$、対偶をいえば、$x \notin B$ならば、$x \notin A$。即ち$x \in B'$ならば、$x \in A'$。即ち$A' \supset B'$。

$M = A \vee B$で、Mに対するA, Bの余集合をA', B'とすれば、$A' \subset B, B' \subset A$。——実際$A \wedge B = D, A_0 = A - D, B_0 = B - D$とすれば、$M = A_0 \vee B_0 \vee D = A \vee B_0 = A_0 \vee B$で、$A \wedge B_0 = O, A_0 \wedge B = O$。故に$A' = B_0 \subset B, B' = A_0 \subset A$。

8.［対応、写像］ 集合Aの各元に、それぞれBの一定の元$b = \varphi(a)$が、或る規準に従って対応するとき、この対応の関係φを**写像**といい、bをaの像、aをbの**原像**という。詳しくはBの中へのAの写像という。Bの中へというのは、Bの元の中に、Aの元に対応しないものもあり得る

からである。若しもBのすべての元がAのある元に対応しているならば、AをBへ**写像する**という。Aの一つの元aの像bは一つに限るが、一つのbの原像aは一つとは限らない。若しも、原像がすべて唯一つならば、即ちφが一対一の対応ならば、bを原像、aを像とする逆写像が成立つ。それを$a = \varphi^{-1}(b)$で表わす。

AからBへの写像φに於て、Aの部分集合Kの元素の像の全体はBの部分集合を成す。それを$\varphi(K)$と略記する。

1-1対応の場合、余集合の写像に関して、$\varphi(A)' = \varphi(A')$。

9. 集合A, Bの間に、1-1対応が成立つとき、AはBに**同等である**という。記号：$A \sim B$。

同等の関係には、数学の各所で、しばしば遭遇する。それは、次の三つの原則に従うものである。

［反射律］ $A \sim A$。各元aにaを対応せしめる、いわゆる恒等対応によって、AがAに同等である。

［対称律］ $A \sim B$ならば$B \sim A$。逆対応による。

［推移律］ $A \sim B, B \sim C$ならば$A \sim C$。A, Bの間の1-1対応を$b = \varphi(a)$、B, Cの間のを$c = \psi(b)$とすれば、aによってbが定まり、従ってcが定まるが、逆にcによってbが定まり、従ってaが定まるから、aとcとの間に1-1対応が成立つのである。これは写像の結合である。即ち$c = \psi(\varphi(a)), a = \varphi^{-1}(\psi^{-1}(c))$。

10. 集合AからAへの写像をAの**自己対応**という。その場合、AにAの部分集合が対応して、AがAの部分集合と

同等なることが可能である。例えばAが自然数1, 2, …の集合なるとき、対応$n \to 2n$によって、AがAの中へ写像され、自然数全体の集合と偶数の集合とが同等である。又対応$n \to n+1$によっては、AはAの中へ写像されるが、すべての整数0, ±1, ±2, …の集合ではそれ自身との間に1-1対応が生ずる、等々。

第1章 整数

日常、我々が数というのは、物の数1, 2, 3, …、即ち**計量数**(cardinal number)であるが、数は又順序を示すためにも用いられる、即ち**順序数**(ordinal number)でもある。我々が、一つ、二つと物を数えるとき、それらの物の間に、おのずから順序が附けられるのだから、数の本性は、先ず順序、而して後に計量であるとも考えられる。さて、順序は、順と逆と両方面にわたって考えられる。今日の次にあす、あすの次にあさってがある。逆にいえば、今日の前にきのう、きのうの前におとといである。数でいえば、1の次に2、2の次に3、…と限りなくつづくが、逆に1の前に0、0の前に－1、－1の前に－2、…と、これ又限りなくつづく。これら0及び±1, ±2, …を総括して**整数**という。計量数として前に述べた1, 2, 3, …を学問上では**自然数**(natural number)という。計量数と順序数とは、概念上同一ではないが、我々は順序、計量といった用途の差別を抽象し去って、自然数を整数の一部分と見なす。

　我々は習慣によって、自然数を最も基本的なる数と考えるけれども、数学的に数の理論を構成するには、整数を基本とすることが、却て簡明であると考えられる。以下、試にそれを説明する。

§1. 整数の公理

　本章では、整数を略して単に数という。個々の数を小ローマ字 $a, b, x, …$ などで表わす。又整数の全部(集合)を

第1章 整 数

Nと書く。

1. 各(おのおの)の数に対して、その次の数が確定し、又逆に各の数に対して、その前の数が確定する。即ち、xの次の数を$\varphi(x)$と書くならば、xは即ち$\varphi(x)$の前の数である。今xに$\varphi(x)$を対応せしめるならば、この対応φはNの内の一対一の対応である。詳しく言えば、対応$x \to \varphi(x)$に於て、xがNのすべての元素の上を動くとき、それに伴って、$\varphi(x)$も又Nのすべての元素の上を動くのであるが、$x \neq y$ならば$\varphi(x) \neq \varphi(y)$で且つ逆に、$\varphi(x) \neq \varphi(y)$ならば$x \neq y$。但(ただし)、すべての$x$に関して、$x = \varphi(x)$ならば、それも一対一の対応であるには相違ないが、このような、いわゆる恒等(identical)対応は、ここでは除外する。

上記一対一の対応の成立つことは、整数の基本的の性質である。これを整数の理論の第一公理とする。

［公理Ⅰ］ Nの内に、(恒等でない)一対一の自己対応$x \rightleftarrows \varphi(x)$が成立つ。

次の図Aに於て、各の点が一つの数を表わし、その右隣りの点がφによってそれに対応する数を表わすとするならば、左右に限りなくつづくこれらの点の列は、整数の集合Nを図解するかに見える。

(A) ← · · · · · · · · · →
(B) ← · · · · · · · · · →
(C) ← · · · · · · · · · →

然るに、Aと同様なるBを取って、A, Bを一括して見る

とき、公理Ⅰの対応は、やっぱり成立つ。Aと同様なるB, C, …をいくつ合併しても、公理Ⅰは成立つから、公理Ⅰだけでは、未だ整数の特性を尽くしたものとはいわれない。公理Ⅰはあまりに広すぎるから、それを制限するために、次の公理Ⅱを立てる必要が生ずる。

［公理Ⅱ］ Nはその類に於て最小(minimum)、或は不可分(irreducible)である。

詳しくいえば、Nの一部分だけでは、その内で対応φは成立たないのである。語を換えていえば$M \subset N$で、Mの内でも対応φが成立つならば、$M = N$。

以下、便宜上、$\varphi(x)$をx^+と略記する。又逆対応によってxに対応する数をx^-と書く。即ち$\varphi(x^-) = x$で、$(x^-)^+ = x$、$(x^+)^- = x$。又MをNの部分集合とするとき、Mに属するすべての数xに対するx^+の全体をM^+と書く。即ち、前書き2の記法によれば、$M^+ = \{x^+ ; x \in M\}$。逆対応に関して、M^-も同様の意味を有する。$M^- = \{x^- ; x \in M\}$。

この記法によれば、公理Ⅰ、Ⅱを次のように書き表わすことができる。

Ⅰ．$N^+ = N$

Ⅱ．$M \subset N$, $M^+ = M$ならば、$M = N$

一般に、A, BがNの部分集合で、$A = B^+$ならば、$A^- = (B^+)^- = B$。故に$A = A^+$ならば、$A = A^-$。又$A^- \subset A$ならば、$A \subset A^+$。故に$A^\pm \subset A$ならば、$A^+ \subset A$且つ$A \subset$

A^+。従って$A = A^+$。従って、又$A = A^-$。即ち$A = A^+ = A^-$。

2. ［公理Ⅰ、Ⅱの妥当性］　公理Ⅰ、Ⅱが論理上矛盾を含まないことは、次の実例によって示される。今$N = \{a, b\}$（元素a, bの集合，$a \neq b$）とし，$\varphi(a) = b$, $\varphi(b) = a$とすれば、φは公理Ⅰに適合する。そうして、Nが不可分であることは明かであるから、上記Nは公理Ⅱにも適合する。このように公理Ⅰ、Ⅱに適合する集合Nが存在するから、公理Ⅰ、Ⅱは論理上の矛盾を含まない。若しも矛盾があるならば、Nのような集合は一つも存在し得ないはずだというのである。

一般に、Nが公理Ⅰだけに適合するならば、Nは必ずしも公理Ⅱの意味で不可分ではあるまい。今Nの部分集合Cの内に於て、既に対応φが成立っているとし、それを仮に連鎖(chain)と呼ぶことにする。然(しか)らば、二つ以上の連鎖の共通分は、やはり一つの連鎖である。そこで、Nの一つの元素aを含むすべての連鎖の共通分を$C(a)$とすれば、$C(a)$はaを含む最小の連鎖であるが、この$C(a)$は不可分である。即ち$C(a)$の一部分だけでは、連鎖にはならないのである。なぜなら、若しも仮に$C(a)$の一部分なるC_1が連鎖をなすとするならば、その余集合$C_2 = C(a) - C_1$も連鎖でなければならない。そうして、C_1, C_2の中、どちらかはaを含まねばならない。それをC_1とすれば、C_1はaを含む連鎖として、$C(a)$を含まねばならない。これは

矛盾である。故に$C(a)$は不可分である。

このように、Nが不可分でないならば、Nは不可分なる部分集合を有する。然らば、その余集合も連鎖で、それが不可分でないならば、不可分なる部分集合を有するから、畢竟Nは不可分なる連鎖の合併である。さて我々は整数が不可分なる連鎖をなすものと仮定して、それを公理IIとして提出したのである。

これより後、我々は公理I、IIのみを仮定として、論理的に整数の理論を展開する。順序、計量など、直感的の知識は、公理の裏付けではあるが、それらは論理の表面には表さない。$\varphi(x)$も、xの次の整数という具体的の意味は抽象し去って、それを単に一対一の対応として取扱うのである。この方法上の立脚点を念頭に置かなくては、論証の趣意がつかみ難いであろう。

§2. 一般定理

1. [定理1.1]　すべての数に関して$x \neq \varphi(x)$。

[証]　公理Iによって、φは恒等対応でないから、すべてのxに関して$x = \varphi(x)$ではあり得ないが、或る特別なる数aに関して、$a = \varphi(a)$なることがないであろうか、という問題が生ずる。そのような数がないことは、公理IIによって保証されるのである。若しも、仮に、$a = \varphi(a)$とするならば、Nからaだけを除いた余集合をMとするとき、$M^+ = M$でなければならないが、$M \neq N$だから、それ

は公理IIに反する。（証終）*

[定義] 数の集合Kが、xを含むとき必ずx^+をも含むならば、Kを**昇列**(progression)という。又集合Lが、xを含むとき必ずx^-を含むならば、Lを**降列**(regression)という。

$$\text{昇列}\quad K^+ \subset K, \quad \text{降列}\quad L^- \subset L$$

N自身は昇列でもあり、又降列でもあるから、昇列、降列は、とにかく存在する。

昇列の余集合は降列、降列の余集合は昇列である。——実際$K < N$を昇列**、LをKの余集合とすれば（前書き7を参照）、K^+の余集合はL^+で、

$$K^+ \subset K \quad \text{だから} \quad L^+ \supset L。\text{従って}\quad L \supset L^-$$

故にLは降列である。逆に読んで、降列の余集合は昇列なることが分かる。

[定理1.2] Kが昇列ならば、$K^{\pm}$も昇列である。Lが降列ならば、$L^{\pm}$も降列である。

[証] 仮定によって、$K^+ \subset K$。故に$(K^+)^+ \subset K^+$。即ちK^+は昇列である。又$K^+ \subset K$から、$K \subset K^-$即ち$(K^-)^+ \subset K^-$。

---

* 若しも公理Iに於て恒等対応φをも許容するならば、それに対して、公理IIの不可分条件から、唯一つの元素$a = \varphi(a)$から成る集合Nが生ずる。興味のないこの場合を除外するために、φを恒等でないものに限ったのである。汎通性に重点をおいて、φを制限しないならば、理論は形式上美しくなるが、この場合、実質的利益は些少で、言葉は長くなる。

** K(但し、$K < N$)を昇列とする意。疎漏ながら便利な略記法。以下しばしば用いる。

故にK^-は昇列である。降列に関しても同様。

［定理1.3］ 昇列の共通分、昇列の合併は昇列である。双対(そうつい)的に、降列の共通分、降列の合併は降列である。

［証］ 二つの昇列K_1，K_2の共通分に関してのみ証明をする。その他、同様である。

$K = K_1 \wedge K_2$と置いて、$x \in K$とする。

然らば

$$x \in K_1 \quad \text{（共通分の定義）}$$

故に

$$x^+ \in K_1 \quad \text{（昇列の定義）}$$

同様に、$x \in K_2$、従って

$$x^+ \in K_2$$

このように、$x^+ \in K_1$, $x^+ \in K_2$だから、$x^+ \in K$。（共通分の定義）

$x \in K$から$x^+ \in K$を得るから、Kは昇列である。（証終）

降列の場合は、＋に－を代用して、全く同様に証明される。

一般に、対応φも逆対応φ^{-1}も、Nの内の一対一対応であることに於て、全く同等であるから、昇列に関して成立つことは、＋と－との交換によって、降列に関しても成立つ。昇列と降列とは双対的(dual, reciprocal)の関係にある。以下、互に双対的なる二つの定理の中、一方のみを述べて、他の一方を略することもある。

［定義］ 数aを含むすべての昇列の共通分を$K(a)$とす

る。又数aを含むすべての降列の共通分を$L(a)$とする。

定理1.3によって、$K(a)$は昇列、$L(a)$は降列である。

[定理1.4]* $K(a^{\pm}) = K(a)^{\pm}$。 $L(a^{\pm}) = L(a)^{\pm}$。

[証] $K(a^+) = K(a)^+$に関して述べる。その他、同様である。

$$a \in K(a) \quad [K(a)の定義]$$

故に

$$a^+ \in K(a)^+ \quad [K(a)^+の定義]$$

$K(a)^+$は昇列で(定理1.2)、a^+を含むのだから、

$$K(a^+) \subset K(a)^+ \tag{1}$$

一方、$a^+ \in K(a^+)$から、$a \in K(a^+)^-$。そうして、$K(a^+)^-$は昇列(定理1.2)だから、$K(a) \subset K(a^+)^-$、従って

$$K(a)^+ \subset K(a^+) \tag{2}$$

(1)と(2)とから$K(a^+) = K(a)^+$。（証終）

[定理1.5] $K(a) = a \vee K(a^+)$。 $L(a) = a \vee L(a^-)$。

[証] $M = a \vee K(a^+)$と書いて、$K(a) = M$を証明する。

Mは昇列である。実際、$a \in M$, $a^+ \in K(a^+) \subset M$。故に$a^+ \in M$。又$x \in M$, $x \neq a$ならば、Mの意味から、$x \in K(a^+)$、従って$x^+ \in K(a^+) \subset M$故に$x^+ \in M$。即ち$x = a$でも、$x \neq a$でも、$x \in M$ならば、$x^+ \in M$。即ちMは昇列である。

Mは昇列で、aを含むから$K(a) \subset M$。 (1)

---

* ±は各所＋、又は各所－の意。

一方、$a \subset K(a)$, $K(a^+) = K(a)^+ \subset K(a)$。［定理1.4］故に $M \subset K(a)$。　　　　　　　　　　　(2)

(1)と(2)とから $K = M$。（証終）

［定理1.6］　一つの数 a に関して $K(a) = N$ ならば、すべての数 x に関して $K(x) = N$, $L(x) = N$。

［証］　$N = K(x)$ なる数 x の集合を M とする。$a \in M$ だから、集合 M は存在する（空でない）。さて $x \in M$ 即ち $N = K(x)$ ならば、$N^\pm = K(x)^\pm$ 即ち $N = K(x^\pm)$。（公理Ⅰ及び定理1.4）　即ち $x^\pm \in M$。故に $M = M^\pm$。故に公理Ⅱによって $M = N$。

任意の昇列 K は或る $K(a)$ を含むから、勿論 $K = N$。

次に L を降列とする。$L \neq N$ ならば、L の余集合は昇列だから、上記のように、それは N と一致する。然らば L は空である。故に空でない降列 L は N と一致する。特に $L(x) = N$。（証終）

2.　上記 $K(x) = N$ の証明に用いた方法が、いわゆる**数学的帰納法**で、それは公理Ⅱに基づくものである。一般に、数 x に関する一つの命題を $P(x)$ とする。そのとき：

1°)　少くとも或る一つの数 a に関して、$P(a)$ は真であり、

2°)　すべての数 x に関して、$P(x)$ が真ならば、$P(x^\pm)$ も真であることが証明されたとする。然らば、$P(x)$ はすべての数 x に関して真である。これは公理Ⅱからの帰結である。――実際、$P(x)$ が真なるような数 x の全体を M と

すれば、1°によって$a \in M$だから、Mは空でないが、2°によって$M^+ \subset M$。故に公理IIによって$M = N$。それは即ち$P(x)$がすべての数に関して真なることである。

3. 定理1.6によって集合Nの二つの場合が生ずる。それらに次の命名をする。

（I） **無限列**。すべてのxに関して$N \neq K(x)$。

（II） **環***（cycle）。すべてのxに関して$N = K(x)$。

§3. 無限列としての整数

以下本節に於ては（I）の場合のみを考察する。即ちNを無限列とする。

［定理1.7］ 無限列Nに於て、$a^- \in K(a)$。

［証］ $K(a^-) = \{a^-\} \vee K(a)$ ［定理1.5］
故に、若しも$a^- \in K(a)$とするならば、$K(a^-) = K(a)$。即ち$K(a)^- = K(a)$（定理1.4）、従って$K(a) = N$（公理II）。Nが無限列ならば、これ不可能である。

［定理1.8］ $N = L(a^-) \vee K(a)$。これは単純和である。即ち$K(a), L(a^-)$は互に余集合である。

［証］ $M = L(a^-) \vee K(a)$とする。然らば
$$M^+ = L(a^-)^+ \vee K(a)^+ = L(a) \vee K(a^+) \quad [定理1.4]$$
$$= L(a^-) \vee \{a\} \vee K(a^+) \quad [定理1.5]$$
$$= L(a^-) \vee K(a) = M \quad [定理1.5]$$

---

* 環という語は、本書でしばらく仮用する。代数の環（ring）とは無関係である。

故に$M = N$。即ち$N = L(a^-) \vee K(a)$。

さて$K(a)$の余集合$\overline{K(a)}$は降列で、a^-を含む(定理1.7)、従って$\overline{K(a)} \supset L(a^-)$。一方、上記$L(a^-) \vee K(a) = N$から、$\overline{K(a)} \subset L(a^-)$。故に$\overline{K(a)} = L(a^-)$。即ち$K(a)$の余集合は$L(a^-)$である。（証終）

［定理1.9］ 二つの数a, bに関して、次の三つの場合の中、唯一つが必ず成立つ。

1) $K(a) = K(b)$, $L(a) = L(b)$
2) $K(a) > K(b)$, $L(a) < L(b)$
3) $K(a) < K(b)$, $L(a) > L(b)$

<は真の部分集合の意。

［証］ 先ず$a \neq b$として$b \in K(a)$とする。
然らば
$K(b) \subset K(a)$。$a \neq b$だから、$K(b) \subset K(a^+)$ ［定理1.7］
故に
$$K(b) < K(a)$$

次に$a \neq b$, $b \notin K(a)$とする。
余集合に移って、
$$b \in L(a^-) \quad ［定理1.8］$$
故に$L(b) \subset L(a^-)$。再び余集合に移って、
$$K(b^+) \supset K(a) \quad ［定理1.8］$$
$K(b) > K(b^+)$（定理1.7）だから、
$$K(b) > K(a)$$

即ち、$a \neq b$ならば、$K(a) > K(b)$又は$K(a) < K(b)$。

(故に$K(a) = K(b)$ならば、$a = b$)。

Lの間の関係は余集合として得られる。例えば、$K(a) > K(b)$から、$L(a^-) < L(b^-)$、従って$L(a^-)^+ < L(b^-)^+$。即ち$L(a) < L(b)$。

［定義］ 上記2)の場合にaはbよりも小($a < b$)、又はbはaよりも大($b > a$)とする。

3)の場合には、a, bが入れかわっている：$b < a$(又は$a > b$)。

［定理1.10］ 二つの数a, bの間に、次の関係の中の唯一つが必ず成立つ。

$$a = b, \ a < b, \ a > b$$

［証］ 定理1.9と上の定義による。

［注意］ $K(a^+)$はaよりも大なる数の全体で、$L(a^-)$はaよりも小なる数の全体である。

$$K(a^+) = \{x ; x > a\}, \quad L(a^-) = \{x ; x < a\}$$

［定理1.11］ $a < b, \ b < c$ならば$a < c$。

［証］ 仮定によって、$L(a) < L(b), \ L(b) < L(c)$。故に$L(a) < L(c)$。故に$a < c$。

［定理1.12］ $K(\neq N)$を任意の昇列とすれば、$K = K(a)$なる数aがある。

［証］ Kは昇列で、$K \neq N$だから、$a^{-1} \notin K, \ a \in K$なる整数$a$がある。——さもなくば、すべての数$x$に関して、$x \in K$なるとき$x^{-1} \in K$で、$K$は降列、即ち昇列にして同時に降列、即ち$K^+ \subset K, \ K^- \subset K$、従って$K \subset K^+$、故に$K$

$=K^+$、$K=N$で、仮定に反する。さて、Kの余集合を$\overline{K}$とすれば、$\overline{K}$は降列で、$a^-\in\overline{K}$、故に$L(a^-)\subset\overline{K}$。余集合に移って、$K(a)\supset K$。然るに$a\in K$であったから$K(a)\subset K$。故に$K=K(a)$。

[定義] 集合Mに属するすべての数xに関して$a\leq x$なる数aがあるとき、aをMの**下界**といい、Mを**下方に有界**という。略記：$a\leq M$。双対的に、$a\geq M$なるとき、aをMの**上界**、Mを**上方に有界**という。$a\leq M$で且つ$a\in M$ならば、aはMの最小数である。即ち最小の数は最大の下界である。最大の数が最小の上界であることも同様である。例えば、aは$K(a)$の最小の数、$L(a)$の最大の数である。

[定理1.13] Mが下方（又は上方）に有界ならば、Mに最小（又は最大）の数が（唯一つ）ある。

[証] Mの下界の全体をLとする。xが下界ならば、x^-も下界だから、Lは降列である。故に$L=L(a)$なる数aがある（定理1.12の双対）。そのaは$L(a)$の最大の数、即ちMの最大下界である。故にaがMの最小の数である。（証終）

§4. 加法

1. Nの内の対応$x^+=\varphi(x)$をxの函数と見るとき、それの反復(iteration)として、加法が自然的に定義される。
$$\varphi\{\varphi(x)\}=\varphi\{x^+\}=\{\varphi(x)\}^+$$
であるが、今この関係を一般化して、

$$F(x^+) = F(x)^+ \qquad (1)$$

なる条件に適合する函数Fを求めよう。

(1)に於て、xにx^-を代用すれば$F(x) = F(x^-)^+$、即ち

$$F(x^-) = F(x)^- \qquad (1')$$

を得るから、(1), (1')を合せて

$$F(x^\pm) = F(x)^\pm \qquad (1'')$$

としても、それは(1)と同等の条件である。

この函数Fを確定するために、Nから任意に一つの数を取り出して、それを記号0で表わす。それを加法の規準にするのである。そうして、aを任意の数として、附帯条件

$$F(0) = a \qquad (2)$$

を附け加える。然らば、$0^+ = 1$, $1^+ = 2$, …とするとき、(1)によって、$F(1) = a^+$, $F(2) = (a^+)^+$, …というように、Fの値が次々に定まろうというものである。我々の目標は、条件(1)、(2)に適合する$F(x)$を以て、和$x + a$の定義としようというのである。

$F(x)$は、(2)に於ける常数aにも依存するから、それを$F_a(x)$と書く。よって、我々の問題は次の定理の証明である。

[定理1.14] 任意の数aに関して、条件

$$\left. \begin{array}{l} F_a(0) = a, \\ F_a(x^+) = F_a(x)^+ \end{array} \right\} \qquad (3)$$

に適合する$F_a(x)$が一意に存在する。

[証] 解の一意性、即ち求められる函数が実際存在する

ならば、それが唯一つに限ることは、たやすく証明される。今$F(x)$, $G(x)$が(3)に適合するとすれば、先ず
$$F(0) = G(0) = a$$
今$F(x) = G(x)$なるxの集合をMとすれば$0 \in M$だから、Mは空でない。さて$x \in M$ならば、$F(x) = G(x)$だが、仮定によって
$$F(x^+) = F(x)^+, \quad G(x^+) = G(x)^+$$
又前に述べたように（(1')参照）、
$$F(x^-) = F(x)^-, \quad G(x^-) = G(x)^-$$
だから
$$F(x^\pm) = G(x^\pm)$$
従って$x^\pm \in M$。故に$M = N$（公理Ⅱ）。即ちすべての数xに関して
$$F(x) = G(x)$$
以上は解の存在（可能）を仮定しての一意性の証明であった。

さて、$F_a(x)$の存在証明であるが、先ず$a = 0$の場合は簡単である。即ち
$$F_0(x) = x$$
これは明白である。

序(つい)でながら、$F_1(x) = x^+$も明白であろう。

そこで、aに関する帰納法によって証明をする。即ち、$F_a(x)$の存在を仮定して、$F_{a^+}(x)$と$F_{a^-}(x)$との存在を証明するのである。

それには
$$F_{a^+}(x) = F_a(x)^+, \quad F_{a^-}(x) = F_a(x)^- \quad (4)$$
によって、F_{a^+}, F_{a^-}を定義すればよい*。

実際、$F_{a^+}(x)$に関しては、先ず$F_{a^+}(0) = F_a(0)^+ = a^+$で、(3)の第一の条件は充たされる。又

$$\begin{aligned} F_{a^+}(x^+) &= F_a(x^+)^+ & &[(4)による] \\ &= (F_a(x)^+)^+ & &[F_a(x)の仮定] \\ &= (F_{a^+}(x))^+ & &[(4)による] \end{aligned}$$

即ち(3)の第二の関係式が成立って、$F_{a^+}(x)$が存在する。

$F_{a^-}(x)$に関しても同じように(双対的に)、先ず(4)から

$$F_{a^-}(0) = F_a(0)^- = a^-$$

$$\begin{aligned} F_{a^-}(x^-) &= F_a(x^-)^- & &[(4)による] \\ &= (F_a(x)^-)^- & &[F_a(x)の仮定,\ (1')参照] \\ &= (F_{a^-}(x))^- & &[(4)による] \end{aligned}$$

即ち$F_{a^-}(x)$が存在する((1')参照)。

[定義] a, xから$F_a(x)$を定める算法をxにaを**加える**といい、$F_a(x)$を$x + a$と書く。

$$F_1(x) = x^+ \quad \text{であったから、} x^+ = x + 1$$

後に引用するために、(3)、(4)から得られる次の公式を掲げておく。

$$F_{a^+}(x) = F_a(x^+) = F_a(x)^+$$

常用の記号で書けば

$$x + a^+ = x^+ + a = (x + a)^+ \quad (5)$$

---

* Kalmarの考案による。(E. Landau, Grundlagen der Analysis.)

同じように
$$x + a^- = x^- + a = (x + a)^- \qquad (6)$$
(5)に於て、aにa^-を代用し、又(6)に於て、aにa^+を代用すれば、
$$x^+ + a^- = x^- + a^+ = x + a \qquad (7)$$
又$F_a(0) = a,\ F_0(a) = a$から
$$0 + a = a, \quad a + 0 = a \qquad (8)$$

2.［定理1.15］（交換律）　$a + b = b + a$

［証］　簡明のために、$b + a = \psi(a)$と書けば、
$$\psi(0) = b$$
$$\psi(a^+) = b + a^+ = (b + a)^+ \quad ［(5)による］$$
$$= \psi(a)^+$$
故に
$$\psi(a) = a + b \quad ［定理1.14］$$
即ち
$$a + b = b + a$$

［定理1.16］（結合律）　$(a + b) + c = a + (b + c)$

［証］　$\psi(a) = (a + b) + c$と置けば、
$$\psi(0) = b + c \qquad (9)$$
$$\psi(a^+) = (a^+ + b) + c = (a + b)^+ + c = ((a + b) + c)^+ \quad ［(5)による］$$
$$= \psi(a)^+ \qquad (10)$$
(9)、(10)から、加法の定義によって、
$$\psi(a) = a + (b + c)$$
故に

第1章 整 数

$$(a+b)+c = a+(b+c)$$

［定理1.17］（減法） 任意の a, b に関して
$$x + a = b$$
は、x に関して一意に解かれる。

［証］ $a=0$ の場合、(8)によって、$x=b$ が一意の解である。よって a に関して、帰納法を用いるために
$$x + a = b \tag{11}$$
に於て、x を一意の解と仮定する。然らば(7)によって
$$x^- + a^+ = x + a = b$$
だから、$y = x^-$ が
$$y + a^+ = b \tag{12}$$
の解である。

逆に、(12)から［(5)によって］、
$$y^+ + a = b$$
仮定によって、x が(11)の一意の解だから、
$$y^+ = x \quad 即ち \quad y = x^-$$
故に $y = x^-$ が(12)の一意の解である。

同じように、$x^+ + a^- = x + a$ で、$y = x^+$ が
$$y + a^- = b$$
の一意の解である。（証終）

$x + a = b$ の解を $x = b - a$ で表わす。又 $0 - a$ を $-a$ と略記する。然らば $(b+(-a))+a = b+((-a)+a) = b + 0 = b$ だから、$b - a = b + (-a)$。即ち a を減ずるは、$-a$ を加えるに同じい。

以上、加法に関して述べたことは、§2の(Ⅰ)、(Ⅱ)の二つの場合共に通用する。

3. [定理1.18]（加法の単調性）　$x > x'$ ならば、$x + a > x' + a$。

[証]　$a = 0$のとき、定理は成立つから、aに関して帰納法を用いる。$x + a > x' + a$から、$(x + a)^± > (x' + a)^±$（>の定義）。即ち$x + a^± > x' + a^±$。（証終）

[定義]　$a > 0$なるとき、aを**正の数**といい、$a < 0$なるとき、aを**負の数**という。

[定理1.19]　$b - a$が正なるか又は負なるかに従って、$b > a$又は$b < a$である。

§5. 乗法

乗法の起源は、被乗数xに等しい数の加法の反復で、その反復の回数が乗数である。若しもこの定義の言語に拘泥するならば、乗数は2以上の正の整数であることを要するであろう。しかし、乗数に1を加えることが積に被乗数aを加えることと同等なことに基づいて、任意の乗数xに関して、一般に乗法を定義することができる。

1. [定理1.20]　任意の数aに関して、xの函数$f(x, a)$が

$$f(0, a) = 0, \qquad (1)$$
$$f(x^+, a) = f(x, a) + a \qquad (2)$$

なる条件によって、一意的に定められる。

$f(x, a)$ が即ち積 xa である。(乗法の定義)

［注意］ (2)に於て、x に x^- を代用すれば、
$$f(x, a) = f(x^-, a) + a$$
即ち
$$f(x^-, a) = f(x, a) - a \qquad (2')$$
$(2')$ に於て x に x^+ を代用すれば(2)を得るから、(2)と$(2')$とは同等である。

［証］ $f(x, a)$ が存在すると仮定すれば、それの一意性は、加法の場合と同様に、帰納法によって、容易に証明される。即ち $f(x, a)$ と同時に $\psi(x, a)$ が上記条件に適合すると仮定すれば、先ず、$x = 0$ のとき、$f(0, a) = \psi(0, a) = 0$。よって任意の a に関して、$f(x, a) = \psi(x, a)$ とすれば、$f(x^\pm, a) = f(x, a) \pm a$, $\psi(x^\pm, a) = \psi(x, a) \pm a$ から、$f(x^\pm, a) = \psi(x^\pm, a)$ を得て、帰納法が完結して、$f(x, a)$ の一意性は確定する。

さて、$f(x, a)$ の存在(可能性)であるが、先ず $a = 0$ の場合には、条件は $f(0, 0) = 0$, $f(x^+, 0) = f(x, 0)$ であるから、$f(x, 0) = 0$。よって、a に関して帰納法を用いる。即ち $f(x, a)$ の存在を仮定して、$f(x, a^+)$, $f(x, a^-)$ を求めるのである。我々は事実、乗法の内容を知っているのだから、それは容易である。即ち
$$f(x, a^\pm) = f(x, a) \pm x \qquad (3)$$
とすればよい。——実際(3)から
$$f(0, a^+) = f(0, a) = 0$$

又

$$f(x^+, a^+) = f(x^+, a) + x^+ \quad [(3)による]$$
$$= f(x, a) + a + x^+ \quad [(2)による]$$
$$= f(x, a) + x + a^+ \quad [加法の性質]$$
$$= f(x, a^+) + a^+ \quad [(3)による]$$

即ち$f(x, a^+)$は条件(1)、(2)に適合する。

同じように、

$$f(x^-, a^-) = f(x^-, a) - x^- \quad [(3)による]$$
$$= f(x, a) - a - x^- \quad [(2')による]$$
$$= f(x, a) - x - a^- \quad [加法の性質]$$
$$= f(x, a^-) - a^- \quad [(3)による]$$

で、これもよろしい。

定理1.20で決定された$f(x, a)$は即ち積xaである。(1)、(2)、(3)で確定した事柄を通常の記法で書けば、

$$x \cdot 0 = 0, \quad 0 \cdot x = 0 \qquad (4)$$
$$(x \pm 1)y = xy \pm y, \quad x(y \pm 1) = xy \pm x \quad (5)$$

[定理1.21] (交換律) $\quad xy = yx \qquad (6)$

[証] $yx = f(x)$と書けば、(4)によって、$f(0) = 0$、又(5)を用いて、$f(x^+) = y(x+1) = yx + y = f(x) + y$。故に定理1.20によって、$f(x) = xy$。即ち$xy = yx$。

[定理1.22] (分配律) $\quad x(y+z) = xy + xz \qquad (7)$

[証] $xy + xz = f(x)$と置けば、(4)によって、$f(0) = 0$。次に(5)によって、

$$f(x^+) = (x+1)y + (x+1)z = xy + y + xz + z = (xy + xz) + (y + z)$$

$$= f(x) + (y + z)$$

故に定理1.20によって$f(x) = x(y + z)$。即ち$x(y + z) = xy + xz$。

(7)に於て、yに$y - z$を代入すれば
$$x((y - z) + z) = x(y - z) + xz$$
即ち
$$xy = x(y - z) + xz$$
従って
$$x(y - z) = xy - xz \qquad (8)$$
を得る。

[定理1.23] (結合律) $\quad xy \cdot z = x \cdot yz \qquad (9)$

[証] $xy \cdot z = f(x)$と置けば、(4)によって、$f(0) = 0 \cdot z = 0$、又(5)によって、
$$f(x^+) = (x+1)y \cdot z = (xy + y)z = xy \cdot z + yz = f(x) + yz$$
故に定理1.20によって$f(x) = x(yz)$。即ち$xy \cdot z = x \cdot yz$。

2. 結合律は、加法の場合も同様であるが、三つより多くの数に関しても成立つ。例えば
$$a\{b(cd)\} = a\{(bc)d\} = \{a(bc)\}d = \{(ab)c\}d$$
この最後の辺のように、左の端から順次に掛けて行く場合に、括弧を略して、積を$abcd$と書くことにすれば、n個[*]の因子$a_1, a_2, \cdots, a_n$の場合にも、結合の順序に関係なく、積は一定で、即ち$a_1 a_2 \cdots a_n$に等しい。それは、帰納

---
[*] 個数の理論は§8で述べるが、便宜上ここではそれを仮定する。

法によって、容易に証明される。今nより少数の因子に関して、定理を仮定すれば、n個の因子の場合、a_nが括弧の内になければ、問題はなく、a_nが括弧の内にあれば、その括弧の内に、定理を適用して、$(a_1 a_2 \cdots a_i) \cdot (a_{i+1} \cdots a_n)$のような形の積を得る。それは即ち

$$= (a_1 a_2 \cdots a_i) \{(a_{i+1} \cdots a_{n-1}) a_n\}$$

で、(9)によって

$$= (a_1 a_2 \cdots a_i)(a_{i+1} \cdots a_{n-1}) a_n$$

再び帰納法の仮定をa_{n-1}までの部分に適用して

$$= a_1 a_2 \cdots a_{n-1} \cdot a_n \quad (\text{証終})$$

乗法に関して、以上述べたことは、§2.3の(Ⅱ)の場合にも通用する。

3. [定理1.24] $a > 0$, $b > 0$ ならば、$ab > 0$。

[証] (帰納法) $b = 1$ のとき $a \cdot 1 = a > 0$。
$a(b+1) = ab + a$だから、$a > 0$, $ab > 0$から$a(b+1) > 0$。(証終)

$a(-b) = a(0-b) = a \cdot 0 - ab = -ab$だから、交換律をも用いて、二つの因子の中、一つだけの符号が変れば、積の符号が変ることが分かる。よって、因子の符号と積の符号との関係は、次の表のようになる。

a	b	ab
+	+	+
+	−	−
−	+	−
−	−	+

　[定理1.25]　積が0に等しいためには、因子の中、少くとも一つが0なることが、必要且つ十分である。

　[証]　必要なること。二つの因子に関しては、上の表から分かる。一般の場合は帰納法による。

　十分なること。二つの因子に関しては、(4)から、一般の場合は帰納法による。

§6. 無限列の範疇性

　無限列はすべて同型で、即ち抽象的には、唯一つの無限列が可能である。詳しくいえば、次の定理が成立つ。

　[定理1.26]　N, Sを無限列とし、N, Sに於ける公理Ⅰの自己対応をそれぞれφ, ψとすれば、N, Sの元x, uの間に、次の条件に適合する1-1対応Fが確定する。

　1)　$a \in N, p \in S$が任意に与えられるとき、
$$p = F(a) \qquad (1)$$
　2)　一般に$x \in N, u \in S$に関して、
$$u = F(x) \quad \text{ならば} \quad u^+ = F(x^+) \qquad (2)$$
但、$x^+ = \varphi(x), u^+ = \psi(u)$。

このような対応が成立つとき、N, Sを同型という。記号：$N \simeq S$。

［証］ Nに於ける昇列、降列をK, L；Sに於けるをK', L'として
$$K(a) \simeq K'(p), \quad L(a^-) \simeq L'(p^-)$$
を示せばよい。

先ずNの区間*$[a, n]$に関して、(1)、(2)に適合する対応F_nが一意に定まることを示そう。但、ここで(2)は、勿論$a \leq x \leq n^-$なるxに限るのである。F_1は(1)だけで決定するから、帰納法を用いるために、F_nは既に確定して、F_nによって$K(a)$の区間$[a, n]$が$K'(p)$の区間$[p, w]$に写像されたと仮定する。この仮定によれば、写像F_{n^+}によって$[a, n]$はF_nと全く同じく$[p, w]$の上に写されねばならない。又$F_{n^+}(n^+)$は(2)によって確定する。即ち
$$F_{n^+}(a) = p, \quad \cdots, \quad F_{n^+}(n) = F_n(n) = w$$
$$F_{n^+}(n^+) = w^+$$
これは必要なのだが、これで十分であることは明である。故に$K(a)$の各元nに関して(1)、(2)に適合するF_nは確定した。

さて、<u>すべての</u>$n \in K(a)$に関して、
$$F(n) = F_n(n) \tag{3}$$
と置くときは、Fは$K(a)$と$K'(p)$との間の所要の同型対応である。——先ず、$K'(p)$のすべての元が、漏れなく、

* 区間$[a, b]$とは$a \leq x \leq b$なるxの集合をいう。

Nのある元に対応することは、無限列Sに於ける帰納法によって示される。即ち：$p = F(a)$はaに対応し、又SのwがNのnに対応すれば、$w = F_n(n)$，$w^+ = F_{n+1}(n^+)$であったから、(2)によって$w^+ = F(n^+)$で、w^+はn^+に対応する。故に$K'(p)$のすべての元が$K(a)$の元に対応する。次に、Nの相異なる元x, x'には、Sの相異なる元u, u'が対応する。――実際、今$x > x'$としていえば、$x' \in [a, x^-]$、従ってx'に対応する$u' \in [a, u^-]$、即ち$u' < u$。以上Fが$K(a)$と$K'(p)$との間の$1:1$対応であることを示したのである。さてFが条件(2)に適合することは、その構成によって明である。即ち、$w = F(n)$ならば、(3)によって$w = F_n(n)$、従って$w^+ = F_{n^+}(n^+) = F(n^+)$。これで、$K(a) \simeq K'(p)$の証明は終った。同様にして、$\varphi$に$\varphi^-$を代用して、$L(a) \simeq L'(p)$。結局$N \simeq S$。

Fの一意性はnに関する帰納法によって容易に示される。（証終）

上記、いわゆる帰納的定義の一範例として写像Fの一意的存在の証明を述べた。(3)によって$F(n)$を定める手法は、**対角線的操作**と称せられるものである。

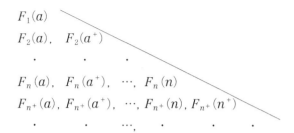

表の各行は区間 $[a]$, $[a, a^+]$, $\cdots$, $[a, n]$, $[a, n^+]$, $\cdots$ の写像、各縦列上にあるものは、上端のものと同じ元である。斜線上のが、即ち $F(n)$ である。

§7. 自然数、正負の整数

1. ［定義］ 正の整数（即ち $K(1)$ の元素）を**自然数**という。

このように定義された自然数は、Peano（ペアノ）の公理に適合する。Peanoは次の公理を基本として、自然数の理論を打立てた。

1°) 1は自然数である。

2°) 各の自然数 x に対して、その次の自然数 x' が確定する。

3°) $x \neq y$ ならば、$x' \neq y'$。

4°) $1 \neq x'$。（1は最初の自然数である）

5°) M は自然数の集合で、M は1を含み、又 x を含むとき x' を含むとする。然らば M はすべての自然数を含む。（数学的帰納法の原理）

実際、昇列$K(a)$のaを上記公理の1に当て、$\varphi(x)$をxの'次の数' x'に当てるならば、$K(a)$はPeanoの公理に適合する。次の数とは、大小の関係に於て、xと$\varphi(x)$との間に数のないことを意味する。

さて、すべての昇列$K(a)$は同型であるから(定理1.26)、その中の一つ$K(1)$を取って、我々の正の整数を自然数と呼ぶのである。

2. 0より大なる数を**正**、0より小なる数を**負**という。$K(1)$は正の数の全体、$L(-1)$は負の数の全体である。(定理1.10、注意)

$x\in K(1)$ならば、$-x\in L(-1)$で、xに$-x$を対応せしめるとき、$K(1)$と$L(-1)$との間に双対的な対応が生ずる。即ち$x<x'$なるとき$-x>-x'$。

§8. 物の数、計量数

[定義] 集合Sが自然数の区間$[1, n]$と対等なるとき、Sを**有限集合**といい、nをSの**元素の数**という。

つまり、1からnまでの自然数を以て、Sのすべての元

素に、漏れなく$a_1, a_2, \cdots, a_n$のように、番号が附けられるのである:$S=\{a_i : 1\leq i\leq n\}$。

このように物の数を示すとき、自然数を**計量数**

(cardinal number)という。物の数の上記定義が妥当なるためには、一つの集合Sに対して、$S \sim [1, n]$なるnが唯一に限ることが、確かめられねばならない。即ち、$S \sim [1, n]$ならば、$S \sim [1, m]$, $m \neq n$が不可能なることが、示されねばならない。若しも、$S \sim [1, n]$, $S \sim [1, m]$とするならば、$[1, n] \sim [1, m]$ということになるから、$m \neq n$なるとき、$[1, m] \sim [1, n]$が不合理なることが、証明されればよい。対称の理由によって、$m < n$と仮定してもよいが、そうすれば、$[1, m]$は$[1, n]$の真の部分集合であるが、今なお一般に、次の定理を証明する。

[定理1.27] 有限集合は、それの真の部分集合と対等でない。

[証] 有限集合Sと対等なる$[1, n]$について証明をすればよい。よって$S = [1, n]$, $T < S$とする。$n = 1$の場合には問題はないから、帰納法を用いる。Tは有界だから、最大元を有する(定理1.13)。それをtとする。然らば$t \leq n$。若しも仮に$T \sim [1, n]$として、その対等に於て、Tのtが$[1, n]$のnに対応するとするならば、Tからtを取り去った余りのT'と、$[1, n]$からnを取り去った余りの$[1, n-1]$とが対等ということになるが、帰納法の仮定によって、それは不合理である。若し又対等な$T \sim [1, n]$に於て、Tのtが$[1, n]$の$n'(<n)$に対応するとするならば、$[1, n]$のnはtよりも小なるTの或る元素t'に対応することになる。そこで、この対応を変更して、Tのt, t'に、

[1, n]のn, n'を対応させて、その他はもとのままとするならば、Tと[1, n]との間に前の場合と同じような対応が成立つことになって、不合理である。（証終）

[定理1.28] Sが有限集合で、$T<S$ならば、Tも有限集合で、Tの計量数はSの計量数よりも小さい。

[証] 定理はあまりにも明白である。直感的には！ その証明もむずかしくない。ここでも、$S=[1, n]$としてよい。今度も、$n=1$のときには、問題はないから、帰納法を用いる。Tの最大元素をtとする：$t \leq n$。若しも$t=n$ならば、Tからtを取り去った余りをT'とすれば、$T'<[1, n-1]$。故に、帰納法の仮定によって、$T' \sim [1, m]$、$m<n-1$、従って$T \sim [1, m+1]$、$m+1<n$で、証明は終る。若し又$t<n$ならば、nはTに属しない。そこでTからtを取り去ってその代りにnを付け加えて、その集合をT'とする。$T'^{\vee}\{t\} = T^{\vee}\{n\}$。然らば$T' \sim T$、$T'<[1, n]$で、前の場合に帰する。（証終）

§9. 無限集合

[定義] 有限集合でない集合を**無限集合**という。

[定理1.29] 自然数の集合$K(1)$は無限集合である。

[証] $a > 1$ とすれば、$K(1) > K(a)$。然るに $K(1) \sim K(a)$。実際、$x \in K(1)$ ならば、$1 \leq x$、従って $a \leq x + a - 1 \in K(a)$（定理1.9）。そうして、$x \to x + a - 1$ によって、$K(1)$ と $K(a)$ との間に同型対応が生ずる。このように、$K(1)$ はそれの真の部分集合と対等だから、$K(1)$ は $[1, n]$ と対等でない（定理1.27の対偶）。故に $K(1)$ は有限集合でない。（証終）

[定義] 自然数の全部 $K(1)$ と対等なる集合を、**かぞえうる**（countable, abzählbar）又は**可附番**という*。

[定理1.30] 無限集合は可附番なる部分集合を有する。約言すれば、$K(1)$ は最も簡単なる型の無限集合である。

[証] S を無限集合とし、S から一つの元素 a_1 を取り出し、部分集合 $\{a_1\}$ を A_1 とする。S は無限集合だから、$\{a_1\}$ と対等でない。従って a_1 と異なる元素を有する。その一つを a_2 とする（a_2 は A_1 の余集合 $\overline{A_1}$ の元素である：$a_2 \in \overline{A_1}$）。a_2 を A_1 に附け加えて $A_2 = \{a_1, a_2\}$ とする。このようにして、すべての自然数に関して、S の部分集合 $A_n = \{a_1, a_2, \cdots, a_n\}$ が得られることは、帰納法によって証明される。このような元素 a_n の全体の集合を T とすれば、T は $K(1)$ と対等なる S の部分集合である**。（証

---

* 可附番というのは、その集合のすべての元素に番号が附けられることを意味する。$\underset{ね}{鵺}$漢語を厭わないならば、むしろ、思い切って、番集合などいかが？
** 対角線論法による。

終)

上記の証明に於て、すべてのa_nの集合としてTを得たが、Tの元素a_1はSから任意に取り出されたものであり、a_2は余集合$\overline{A_1}$から任意に取り出された元素、同様にa_3はA_2の余集合$\overline{A_2}$から任意に取り出された元素で、以下a_4, …も同様であるから、実際に集合Tを組立てるためには、任意の選択を無限回行うことを要する。従って事実上、実行不可能といわねばならない。実行の可能、不可能はともかくも、このような無限回の任意選択を終了するかの如く見なすことが、論理上許容さるべきであろうか。この不安定感を緩和するために、いわゆる選択公理が用いられる。

[**選択公理**]　無数の空でない集合の一組が与えられてあるとき、その各集合AにAの元素$a = \psi(A)$が対応するような対応ψが可能である。

この公理を許容するならば、上記証明で$\overline{A}_{n-1}$からa_nを任意に取り出すところを、あらかじめ定められてある$\psi(\overline{A}_{n-1})$をa_nとすることにすればよい。

現代数学の各所に於て、選択公理の引用を必要とする場合に、しばしば出会うのである。

定理1.30の証明に於て、若しも$T < S$ならば、余集合$S - T$をUとし、$K(1)$と対等なるTに関して、$T' < T$, $T' \sim T$(定理1.29)として、$S' = T' \vee U$とすれば、$S' < S$であるが、$T' \sim T$, $U \sim U$から、$S' \sim S$。即ち、無限集合Sは、それ自らと対等なる(真の)部分集合S'を有する。さて、

有限集合は真の部分集合とは対等でない（定理1.27）から、
"無限集合は、それみずからと対等なる（真の）部分集合を有する集合である"
として、特徴附けられる。Dedekindは、上記を以て無限集合の定義として、反（かえ）って無限ならざる集合として有限集合を定義した。そうして、無限集合の可能性に基づいて、自然数の理論の建立を試みた。

§10. 環

これまで我々は§2.3に述べた（Ⅱ）の場合には触れなかった。（Ⅱ）は即ち$N = K$の場合で、そのときNを環と名づけたのである。

故に環に関しては、公理Ⅱを次のように改めればよい。

［公理Ⅱ′］（環の公理）　$M \subset N$で、$M^+ \subset M$ならば、$M = N$。

公理Ⅰと、この公理Ⅱ′とから、独立に環の理論を組み立てることを試みるならば、それは無限列の場合よりも困難である。これに反して、若しも自然数*を既知として、自由にそれを応用するならば、環の構造は甚だ簡単にかたづけられる。

---

* 便宜上、0をも自然数の中へ入れる。

第1章 整数

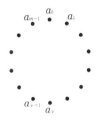

[定理1.31] 環は有限集合で、その元素を$a_\nu(0\leq\nu\leq m-1)$とすれば、$0\leq\nu\leq m-2$に関しては、$a_{\nu+1}=\varphi(a_\nu)$、$\nu=m-1$に関しては、$a_0=\varphi(a_{m-1})$。φは公理Iの自己対応を示すのである。

[証] 環Nの任意の元素をa_0とし、すべての$\nu\geq 0$に関して$a_{\nu+1}=\varphi(a_\nu)$とする。然らば、これらのa_νの全体はNに於ける昇列である(昇列の定義)。それをKとする。然らば、公理II′によって、$N=K$。故にKはa_0^-を含む。即ち或る自然数mに関して、$a_0^-=a_{m-1}$、従って$a_0=\varphi(a_{m-1})=a_m$であるが、このような自然数の中の最小のもの(定理1.13)を上記のmとする。そうすれば、$a_\nu(0\leq\nu\leq m-1)$がNのすべての元素である。即ち:

1°) Nの任意の元素をa_nとすれば、$0\leq\nu\leq m-1$なる或るνを以て$a_n=a_\nu$。

実際、$a_m=a_0$であったから、帰納法を用いて、$a_n=a_\nu$, $0\leq\nu\leq m-1$を仮定する。然らば、$a_{n+1}=\varphi(a_n)=\varphi(a_\nu)=a_{\nu+1}$だから、$\nu<m-1$ならば、$\nu+1\leq m-1$、又$\nu=m-1$ならば$a_{n+1}=a_m=a_0$で、丁度よい。

53

2°) $a_\nu (0 \leq \nu \leq m-1)$ は、すべて相異なる元素である。

仮に、$0 \leq \mu < \nu \leq m-1$ で、$a_\mu = a_\nu$ とする。然らば $a_{\mu+s} = a_{\nu+s}$(帰納法)であるが、特に $\nu+s = m$ とすれば、$a_{\mu+s} = a_m$。即ち $a_{\mu+s} = a_0$。$s > 0$, $0 < \mu+s < m$ だから、これは m に関する約束に反する。即ち上記の仮定 $a_\mu = a_\nu$ は不合理である。1°)、2°)によって、定理は証明されたのである。

環 N の元素の数 m を仮にその環の**指標**(characteristic)という。

[注意] 唯一つの元素から成る集合 $N = \{a_0\}$ は恒等対応 $a_0 = \varphi(a_0)$ から生ずる指標 1 なる環と見なされる。この場合は、便宜上、始めから取りのけておいたのであった。

上記定理に述べた環の構造は、環の公理Ⅰ、Ⅱ′から導いたが、このようにして構成された環は、実際公理Ⅰ、Ⅱ′に適合する。公理Ⅰに関して、それは明白で、問題は公理Ⅱ′である。即ち $M < N$ とするとき、M の内では対応 φ が成立っていないことの証明である。

前のように、N の元素を $a_\nu (0 \leq \nu \leq m-1)$ として、その元素 a_ν の番号 ν を考える。M に含まれる元素の番号の中で最も大きいのを p とし、又 M に含まれない元素(即ち余集合 $\overline{M}$ の元素)の番号の中で最も小さいのを q とする。若しも、$p < m-1$ ならば、$a_p \in M$, $\varphi(a_p) = a_{p+1} \notin M$。又若し $q > 0$ ならば、$a_{q-1} \in M$, $\varphi(a_{q-1}) = a_q \notin M$。残っているのは $p = m-1$, $q = 0$ の場合だが、そのときには a_{m-1}

$\in M$, $\varphi(a_{m-1}) = a_m = a_0 \in M$。いずれにしても、予期の如く、$M$の内では対応$\varphi$が成立たない。即ち$N$は公理Ⅱ′に適合する。

このように、環の可能性、即ち公理Ⅰ、Ⅱ′の妥当性（矛盾のないこと）が証明されたが、それができたのは、自然数（我々の立場では無限列）の可能性を根拠にしたからである。自然数の可能性は別問題である。

与えられた指標mを有する環がすべて同型（§6）であることは、上の定理で述べた環の構成から明白であろう。

指標mの環は、集合としては、自然数の区間$[1, m]$と対等である。単に集合として見るとき、環はすべての有限集合の型を与え、無限列は最も単純なる無限集合（可附番集合）を与える。それらが§1の公理Ⅰ、Ⅱによって統合される所に、我々は興味を覚えるのである。

大小の関係を除けば、加法乗法に関する定理（加法・減法・乗法の一意的可能性、結合律、交換律、分配律）は環にも当てはまる。そのために、§4、§5で、これら定理の証明に、大小関係を用いなかったのである。

指標mの環は、整数論でいう mod mに関する剰余系と同型である。

第2章 有理数

§11. 有理数の四則

有理数の理論は、そのでき上った所を、論理的に展開して見せるだけならば、次のように、甚だ簡単である。

1. 二つの整数の組合せ、(a, b), $b \neq 0$から、式$\dfrac{a}{b}$を作って、それを考察の対象にする。aをこの式（分数）の**分子**、bを**分母**という。

［定義1］ $\dfrac{a}{b}$ が $\dfrac{c}{d}$ と同値である$\left(\text{記号}: \dfrac{a}{b} \sim \dfrac{c}{d}\right)$とは、$ad = bc$を意味するものとする。

［定理2.1］ 分数の同値は同等関係である。即ち次の三つの条件に適合する。

1) 反射的：$\dfrac{a}{b} \sim \dfrac{a}{b}$

2) 対称的：$\dfrac{a}{b} \sim \dfrac{c}{d}$ ならば、$\dfrac{c}{d} \sim \dfrac{a}{b}$

3) 推移的：$\dfrac{a}{b} \sim \dfrac{c}{d}$, $\dfrac{c}{d} \sim \dfrac{e}{f}$ ならば、$\dfrac{a}{b} \sim \dfrac{e}{f}$

［証］ 1)、2)は定義によって明らかである。3)については、仮定によって
$$ad = bc, \quad cf = de$$
よって
$$adf = bcf, \quad bcf = bde$$
故に

第2章　有理数

$$adf = bde$$

$d \neq 0$だから、

$$af = be \quad 従って \quad \frac{a}{b} \sim \frac{e}{f}$$

[定義2]　定理2.1によって、互に同値なる分数を同じ類に入れ、同値でないものを異なる類に入れて、すべての分数を類に分けることができる。その各類が一つの**有理数を定める**という。有理数は対応する分数類の各分数によって**表現される**という。

[注意]　分数式の各類の中に、分母と分子とに公約数のないもの（いわゆる既約分数）がある。その一つをa_0/b_0とすればその類は$a_0 m / b_0 m, \ m = \pm 1, \ \pm 2, \cdots$なる分数から成立つ。

[証]　一つの分数類の分数の中で、分母の絶対値の最も小さいものをa_0/b_0とし、その類の任意の分数をa/bとする。bをb_0で割って

$$b = b_0 m + b', \quad |b_0| > b' \geq 0$$

とし（ここで当然$m \neq 0$）、そのmを以て

$$a = a_0 m + a'$$

とおく。$a_0/b_0 \sim a/b$だから、

$$a_0 b = a b_0$$

上の式から代入して、

$$a_0(b_0 m + b') = (a_0 m + a') b_0$$

即ち

$$a_0 b' = a' b_0$$

そこで、若しも $b' > 0$ とするならば、$a_0/b_0 \sim a'/b'$ で、$b' < |b_0|$ であったから、a_0/b_0 に関する約束に矛盾する。故に $b' = 0$、従って上の等式から、$a' b_0 = 0$、さて $b_0 \neq 0$ だから、$a' = 0$。故に

$$a = a_0 m, \quad b = b_0 m \quad (m \neq 0)$$

即ち、類の中の分数 a/b は、$a_0 m/b_0 m$ の形のものである。逆に、任意の $m \neq 0$ に関して、$a_0 m/b_0 m \sim a_0/b_0$（定義1）。

さて、a_0/b_0 は既約分数である。なぜなら、若しも $a_0 = a'q, \ b_0 = b'q \ (q \neq 1)$ とするならば、$|b'| < |b_0|$ で、しかも $a_0/b_0 \sim a'/b'$。これは a_0/b_0 に関する仮定に反する。

2．［定義2'］（加法） 分数 $\dfrac{a}{b}, \dfrac{c}{d}$ の加法を、次のように定義する：

$$\frac{a}{b} + \frac{c}{d} = \frac{ad + bc}{bd}$$

［定理2.2］ $\dfrac{a}{b} \sim \dfrac{a'}{b'}, \ \dfrac{c}{d} \sim \dfrac{c'}{d'}$ ならば、$\dfrac{a}{b} + \dfrac{c}{d} \sim \dfrac{a'}{b'} + \dfrac{c'}{d'}$

［証］ 仮定によって、$ab' = ba', \ cd' = dc'$。第一の等式の両辺に dd' を掛け、又第二の等式の両辺に bb' を掛けて、

$$ab'dd' = ba'dd', \quad cd'bb' = dc'bb'$$

加えて、

第2章　有理数

$$(ad+bc)b'd' = (a'd'+b'c')bd$$

仮定によって、$b, b', d, d' \neq 0$。故に

$$\frac{ad+bc}{bd} \sim \frac{a'd'+b'c'}{b'd'}$$

即ち

$$\frac{a}{b}+\frac{c}{d} \sim \frac{a'}{b'}+\frac{c'}{d'} \qquad \text{(証終)}$$

［定義3］　定理2.2によって、有理数 α, β を表現する分数の和は、一定の類に属する。この類の定める有理数 γ を α, β の和という：$\alpha + \beta = \gamma$。

［定理2.3］　$\alpha + \beta = \beta + \alpha$

［証］　$\alpha = \dfrac{a}{b}, \beta = \dfrac{c}{d}$ とする*。然らば

$$\alpha + \beta = \frac{a}{b}+\frac{c}{d} = \frac{ad+bc}{bd},$$

$$\beta + \alpha = \frac{c}{d}+\frac{a}{b} = \frac{cb+da}{db}$$

故に

$$\alpha + \beta = \beta + \alpha$$

［定理2.4］　$(\alpha + \beta) + \gamma = \alpha + (\beta + \gamma)$

［証］　$\alpha = \dfrac{a}{b}, \beta = \dfrac{c}{d}, \gamma = \dfrac{e}{f}$ とする。

---

* ここでは、=は α が $\dfrac{a}{b}$ で、β が $\dfrac{c}{d}$ で表わされることの略記である。

$$\left(\frac{a}{b}+\frac{c}{d}\right)+\frac{e}{f} = \frac{ad+bc}{bd}+\frac{e}{f} = \frac{adf+bcf+bde}{bdf}$$

$$\frac{a}{b}+\left(\frac{c}{d}+\frac{e}{f}\right) = \frac{a}{b}+\frac{cf+de}{df} = \frac{adf+bcf+bde}{bdf}$$

即ち標記の通り。（証終）

［定理2.5］ $a=0$ なるすべての分数 a/b $(b \neq 0)$ は一つの類を成す。

［証］ $\frac{0}{b}\sim\frac{0}{d}$ は $0 \cdot d = 0 \cdot b$ を意味する。逆に $\frac{0}{b}\sim\frac{c}{d}$ ならば、$bc=0$。然るに $b \neq 0$。故に $c=0$。（証終）

［定義4］ この類の表わす有理数を0で表わす。

［定理2.6］ $\alpha + 0 = \alpha$

［証］ $$\frac{a}{b}+\frac{0}{d} = \frac{ad}{bd} \sim \frac{a}{b}$$

［定理2.7］ $\frac{a}{b}+\frac{-a}{b}=0$

［証］ $$\frac{a}{b}+\frac{-a}{b} = \frac{ab-ab}{bb} = \frac{0}{bb}$$

［定理2.8］ $x+\alpha=\beta$ は一意の解を有する。

［証］ $\alpha=\frac{a}{b}$, $\beta=\frac{c}{d}$ とすれば $x=\frac{c}{d}+\frac{-a}{b}$ は解である。実際、

$$\left(\frac{c}{d}+\frac{-a}{b}\right)+\frac{a}{b} = \frac{c}{d}+\left(\frac{-a}{b}+\frac{a}{b}\right)= \frac{c}{d}+ 0 = \frac{c}{d}$$

［定理2.4, 2.6］

逆に $x+\frac{a}{b}=\frac{c}{d}$ とすれば、

$$\left(x+\frac{a}{b}\right)+\frac{-a}{b} = \frac{c}{d}+\frac{-a}{b}$$

$$x+\left(\frac{a}{b}+\frac{-a}{b}\right) = \frac{c}{d}+\frac{-a}{b}, \quad ［定理2.4］$$

$$x+0 = \frac{c}{d}+\frac{-a}{b}, \quad ［定理2.7］$$

$$x = \frac{c}{d}+\frac{-a}{b} \quad ［定理2.6］$$

故に解は一意である。

［注意］ $x+\alpha=\beta$ の解を $\beta-\alpha$ と書き、$0-\alpha$ を $-\alpha$ と略記する。

$\beta-\alpha=\beta+(-\alpha)$ で、α を引くのは $-\alpha$ を加えるに同じこと整数の場合と同様である。

3. ［定義5］（乗法）分数 $\frac{a}{b}$, $\frac{c}{d}$ の乗法を次のように定義する：

$$\frac{a}{b}\cdot\frac{c}{d} = \frac{ac}{bd}$$

［定理2.9］ $\frac{a}{b}\sim\frac{a'}{b'},\ \frac{c}{d}\sim\frac{c'}{d'}$ ならば、$\frac{a}{b}\cdot\frac{c}{d}\sim\frac{a'}{b'}\cdot\frac{c'}{d'}$

[証] 仮定によって
$$ab' = a'b, \quad cd' = c'd$$
故に
$$ab'cd' = a'bc'd$$
$bd \neq 0$, $b'd' \neq 0$ だから
$$\frac{ac}{bd} \sim \frac{a'c'}{b'd'}$$

[定義6] 定理2.9によって、有理数 α, β を定める分数 $\frac{a}{b}$, $\frac{c}{d}$ の積 $\frac{a}{b} \cdot \frac{c}{d}$ は一定の類に属する。この類の定める有理数 γ を α, β の積という：$\alpha\beta = \gamma$。

[定理2.10]　$(\alpha\beta)\gamma = \alpha(\beta\gamma)$

[証]　$\alpha = \frac{a}{b}$, $\beta = \frac{c}{d}$, $\gamma = \frac{e}{f}$ とする。

$$(\alpha\beta)\gamma = \frac{ac}{bd} \cdot \frac{e}{f} = \frac{ace}{bdf}, \quad \alpha(\beta\gamma) = \frac{a}{b} \cdot \frac{ce}{df} = \frac{ace}{bdf}$$

[定理2.11]　$\alpha\beta = \beta\alpha$

[証]　$\alpha = \frac{a}{b}$, $\beta = \frac{c}{d}$ とする。
$$\alpha\beta = \frac{ac}{bd}, \quad \beta\alpha = \frac{ca}{db} = \frac{ac}{bd}$$

[定理2.12]　$(\alpha + \beta)\gamma = \alpha\gamma + \beta\gamma$

[証]　$\alpha = \frac{a}{b}$, $\beta = \frac{c}{d}$, $\gamma = \frac{e}{f}$ とする。

$$(\alpha + \beta)\gamma = \left(\frac{a}{b} + \frac{c}{d}\right)\frac{e}{f} = \frac{ad + bc}{bd} \cdot \frac{e}{f} = \frac{ade + bce}{bdf}$$

$$\alpha\gamma + \beta\gamma = \frac{a}{b}\cdot\frac{e}{f} + \frac{c}{d}\cdot\frac{e}{f} = \frac{ae}{bf} + \frac{ce}{df} \sim \frac{ade}{bdf} + \frac{bce}{bdf}$$

$$\sim \frac{ade + bce}{bdf}$$

［定理2.13］ $\alpha = 0$ 又は $\beta = 0$ なるときにのみ、$\alpha\beta = 0$。

［証］ $\alpha = \dfrac{a}{b}$, $\beta = \dfrac{c}{d}$ とすれば、$\alpha\beta = \dfrac{ac}{bd}$。それが0に等しいのは $ac = 0$ なるときに限るから、整数の場合に帰する。

［定理2.14］ $\alpha \neq 0$ ならば、$x\alpha = \beta$ は一意の解を有する。

［証］ $\alpha = \dfrac{a}{b}$, $\beta = \dfrac{c}{d}$ とすれば、仮定によって、$a \neq 0$, $b \neq 0$, $d \neq 0$ で、$x = \dfrac{bc}{ad}$ が解である。解の一意性は分配律を用いて定理2.13から導かれる。

4. 1を分母とする分数の同値なることは、分子の相等しいことと同等であり、又その加法・乗法は、分子の加法・乗法に帰する。よって整数を1を分母とする分数と同一と見なして、整数を特別なる有理数とする。分子が分母の倍数なる分数は整数と同値である。

実際、$\dfrac{a}{1} \sim \dfrac{b}{1}$ は $a \cdot 1 = b \cdot 1$ 即ち $a = b$ と同等。

$$\frac{a}{1}+\frac{b}{1}=\frac{a\cdot 1+b\cdot 1}{1\cdot 1}=\frac{a+b}{1}, \quad \frac{a}{1}\cdot\frac{b}{1}=\frac{ab}{1}, \quad \frac{an}{a}=\frac{n}{1}$$

5. 有理数 α の整数倍は次の式によって帰納的に定義される(n は整数)：

$$\alpha\cdot 0=0, \quad \alpha\cdot(n\pm 1)=\alpha\cdot n\pm\alpha$$

$\alpha=\dfrac{a}{b}$ とすれば、$\alpha\cdot n=\dfrac{an}{b}$ である。——実際、これが上記の帰納公式を満足せしめることは、容易に験証されるであろう。

故に α の n 倍は $\alpha\cdot\dfrac{n}{1}$ に等しい。即ち有理数の乗法は整数の乗法の拡張である。

整数倍の逆としての等分が有理数の範囲内で可能で、それは有理数除法の特別の場合である。——有理数 α の n 等分(n は整数)は、$\beta\cdot n=\alpha$ を満足せしめる β を求めることで、$\beta=\alpha\left/\dfrac{n}{1}\right.$。即ち $\alpha=\dfrac{a}{b}$ とすれば、$\beta=\dfrac{a}{bn}$。

§12. 有理数の符号と大小の順序

[定義1] $ab\gtreqless 0$ に従って、$a/b\gtreqless 0$ とする。

a/b のこの符号は、同じ類のすべての分数に共通である。実際 $a/b\sim c/d$ ならば、$ad=bc$、従って $abd^2=cdb^2$。故に $ab\gtreqless 0$ に従って $cd\gtreqless 0$、即ち $c/d\gtreqless 0$ である。この共通の符号を以て、その類の定める有理数の符号とす

る。

　［定理2.15］　$\alpha(\neq 0)$と$-\alpha$とは反対の符号を有する。

　［証］　$\alpha = a/b$とすれば、$-\alpha = -a/b$で、abと$-ab$とは反対の符号を有するから。

　［定理2.16］　$\alpha > 0$, $\beta > 0$　ならば、$\alpha + \beta > 0$。

　［証］　$\alpha = a/b$, $\beta = c/d$とすれば、仮定によって、$ab > 0$, $cd > 0$。さて$\alpha + \beta = \dfrac{ad+bc}{bd}$, $(ad+bc)bd = abd^2 + b^2 cd > 0$。（証終）

　［定義2］　$\alpha - \beta > 0$のとき、$\alpha > \beta$とする。（従って$\alpha - \beta < 0$ならば、$\beta - \alpha > 0$（定理2.15）だから、$\beta > \alpha$）。

　［定理2.17］　有理数の大小関係は、順序に関する三律に適合する：

　1)　非反射的：　$\alpha > \alpha$でない。
　2)　非対称的：　$\alpha > \beta$と$\beta > \alpha$は両立しない。
　3)　推移的：　$\alpha > \beta$, $\beta > \gamma$ならば、$\alpha > \gamma$。

　［証］　1)　$\alpha - \alpha > 0$でないから。2)　$\alpha - \beta$と$\beta - \alpha$とは反対の符号を有する（定理2.15）。3)　仮定によって、$\alpha - \beta > 0$, $\beta - \gamma > 0$。故に$\alpha - \gamma = (\alpha - \beta) + (\beta - \gamma) > 0$（定理2.16）。

　［定理2.18］　有理数α, βの間には、次の三つの関係の中の一つ、且つ一つのみが成立つ：

$$\alpha = \beta, \quad \alpha > \beta, \quad \beta > \alpha$$

　［証］　$\alpha = \beta$でなければ$\alpha - \beta \neq 0$、従って$\alpha - \beta > 0$か、

或は$\alpha - \beta < 0$、即ち$\alpha > \beta$、或は$\beta > \alpha$。

［定理2.19］ α, βの符号が同じであるか、又は反対であるかに従って、$\alpha\beta > 0$又は$\alpha\beta < 0$。

［証］ $\alpha = \dfrac{a}{b}, \beta = \dfrac{c}{d}$とすれば、$\alpha\beta = \dfrac{ac}{bd}$で、$\alpha \gtreqless 0, \beta \gtreqless 0$は、それぞれ$ab \gtreqless 0, cd \gtreqless 0$と同等、$\alpha\beta \gtreqless 0$は$acbd = ab \cdot cd \gtreqless 0$と同等だから整数の場合に帰する。

［定理2.20］ $\alpha > \beta$なるとき、
$$\gamma > 0 \quad \text{ならば、} \quad \alpha\gamma > \beta\gamma,$$
$$\gamma < 0 \quad \text{ならば、} \quad \alpha\gamma < \beta\gamma$$

［証］ 仮定によって、$\alpha - \beta > 0$。故に、$\gamma \gtreqless 0$に従って、$\alpha\gamma - \beta\gamma = (\alpha - \beta)\gamma \gtreqless 0$。即ち$\alpha\gamma \gtreqless \beta\gamma$。

§13. 有理数の集合

1. 相等しからざる有理数の間には大小の関係がある。即ち有理数の全体は、いわゆる**順序集合**(ordered set)を成す。その点、整数の集合と同様であるが、有理数の集合の一つの特徴は、それの**稠密性**である。即ち次の定理が成立つ。

［定理2.21］ 相等しからざる二つの有理数の中間に、無数の有理数がある。詳しくいえば、a, bが有理数で、$a > b$ならば、$a > c > b$なる有理数cが無数に存在する。

［証］ 条件$a > c > b$は、例えば$c = \dfrac{a+b}{2}$によって充た

される。——実際、

$$a - \frac{a+b}{2} = \frac{a-b}{2} > 0, \quad \frac{a+b}{2} - b = \frac{a-b}{2} > 0$$

このように、任意の二つの有理数の中間に、必ず有理数があるから、二つの有理数の中間に無数の有理数がある。上記の記号を用いて、a, cの中間に$a > c' > c$なる有理数c'があって、$a > c' > b$。又a, c'の中間に$a > c'' > c'$なる有理数c''があって、$a > c'' > b$。このように、$a > \cdots > c'' > c' > c > b$なる有理数$c, c', c'', \cdots$が無数にある。

2. 有理数の全体は無限集合を成し、その一小部分として、整数の全体を含むけれども、集合として、有理数の全体は、整数の全体と対等である。即ち

[定理2.22] 有理数全体の集合は可附番である。

これを証明するために、次の補助定理を用いる。

[定理2.23] 可附番個数の可附番集合$A_i (i = 1, 2, \cdots)$の合併は可附番集合である。

[証] A_iの元を一般に$(i, j), j = 1, 2, \cdots$で表わして、合併集合$\vee_{i=1}^{\infty} A_i$の元(i, j)に、次のようにして、番号が附けられる。先ず$(1, 1)$を第1番とし、次には$i + j = 3$なる元$(1, 2), (2, 1)$を第2番, 第3番とする。次々にこのように進んで、すべての元(i, j)を$i + j = s$の順に、同じsのものはiの順に、番号を附けるならば、各元(i, j)が一定の番号を得るであろう。

$$\begin{array}{llll}(1,1) & (1,2) & (1,3) & (1,4) \cdots\cdots \\ (2,1) & (2,2) & (2,3) & \cdots\cdots \\ (3,1) & (3,2) & \cdots\cdots \\ (4,1) & \cdots\cdots \end{array}$$

元(i, j)の中に同じものが重複してあるときには、重複するものを省いて番号を附けて行くのである。A_iの中に有限集合があり、又は集合A_iの数が有限である場合も、この部類である。

有理数の集合に関しては、正の有理数m/nを(m, n)とし、既約でないm/nを省くのである。よって、正の有理数の集合は可附番で、すべての有理数の集合は、可附番なる二つの集合の合併として、可附番である。

3. §11では、四則算法の可能性を指導原理として、有理数の理論を組み立てたのであったが、それとは別に、有理数の大小関係に於ける稠密性と有理数全体の可附番性とを特徴として、有理数を規定することができる。即ち次の定理が成立つ。

[定理2.24] Rは順序集合で、それは(1)稠密、(2)無限界(上方にも、下方にも有界でない)、且つ(3)可附番であるとする。然らば、Rは有理数全体の集合と相似(順序に関して同型)である。

先ず定理の意味を説明する。順序集合なるRが可附番であるから、その元素に番号が附けられるが、それはRに於ける元素の順序とは無関係である。Rは稠密だから、Rに

於ける順序に従って、その元に番号を附けることは不可能である。さて有理数全体の集合も有理数の大小の順序に従って稠密、無限界、且つ可附番だから、これら三つの性質を有する集合R, R'が相似であることを示せばよい。R, R'が相似($R \simeq R'$)というのは、R, R'の間に1:1対応が成立って、Rのa, bにR'のa', b'が対応するとき、Rに於て$a < b$ならば、R'に於て$a' < b'$なることをいう。

　［証］可附番なるRの元をa_1, a_2, …、R'のをb_1, b_2, …とし、先ずa_1にb_1を対応させて、$a_1 = \alpha_1$, $b_1 = \beta_1$と書く。次に$a_2 = \alpha_2$として、$a_1 < a_2$又は$a_1 > a_2$に従って、R'に於てβ_1よりも大、又はβ_1よりも小なる最小番号のb_kを取って、$b_k = \beta_2$と書く。R'は無限界だから、このようなβ_2は必ず存在する。このようにして、Rの部分集合$\{\alpha_1,\ \alpha_2\}$にR'の部分集合$\{\beta_1,\ \beta_2\}$が対応して、その間に相似の関係が成立つ：$\{\alpha_1,\ \alpha_2\} \simeq \{\beta_1,\ \beta_2\}$。

　さて、今度はR'からβ_3を取る。R'からは既に$\beta_1 = b_1$と$\beta_2 = b_k$とを取ったのであったが、その他の元の中で最小番号のb_lを取って、$\beta_3 = b_l$とする（即ち$k > 2$であったならば、$l = 2$で、又$k = 2$であったならば$l = 3$）。このようにβ_3をきめたところで、R'に於ける順序に関して、$\{\beta_1,\ \beta_2\}$に対するβ_3の位置に三つの場合がある。即ちβ_3はβ_1, β_2よりも小か、又はβ_1, β_2の中間にあるか、又はβ_1, β_2よりも大かである。これらの場合に応じて、Rからα_1, α_2よりも小、又はα_1, α_2の中間、又はα_1, α_2よ

り大なる最小番号のα_kを取って、$\alpha_3 = a_k$として、それをβ_3に対応させる。Rは稠密、無限界だから、このようなα_3は必ず存在して、$\{\alpha_1, \alpha_2, \alpha_3\} \simeq \{\beta_1, \beta_2, \beta_3\}$。このようにして、$R, R'$から部分集合$R_n = \{\alpha_1, \alpha_2, \cdots, \alpha_n\}$, $R_n' = \{\beta_1, \beta_2, \cdots, \beta_n\}$が取られて、$R_n \simeq R_n'$になったとして、さて$n$が奇数ならば、$R$から残っている元の中最小番号のものを$\alpha_{n+1}$として、それに対応して$R'$から適当に$\beta_{n+1}$を取って

$R_{n+1} = \{\alpha_1, \alpha_2, \cdots, \alpha_n, \alpha_{n+1}\} \simeq R'_{n+1} = \{\beta_1, \beta_2, \cdots, \beta_n, \beta_{n+1}\}$

ならしめる。又nが偶数ならば、R'から残っている最小番号のbを取って、それをβ_{n+1}として、それに対応してRからα_{n+1}を取るのである。このようにしてR, R'の各元a_n, b_nが$2n$回までには必ず取り出されてR, R'の間の相似関係ができ上るのである。（証終）*

［注意］　有理数の開区間$(a, b) = \{x ; a < x < b\}$も上記定理の三条件を充たすから、有理数全体と相似である。同じように位数有限の十進分数$(a/10^n)$の集合も有理数の小部分に過ぎないけれども、有理数全体と相似である。

---

*　詳しくは対角線論法による。

第3章 実数

§14. 連続集合

直線上の点の位置に左右の順序がある。時の流れの中にも、時刻（時点）の先後の順序がある。これら二種の順序は同型である。即ち、今一つの点が直線上を左から右へ絶えず進行すると想像するならば、定まった一つの時刻には、動点の定まった一つの位置が対応し、時刻の先後は位置の左右に対応する。

このような事情を背景として、抽象的に順序集合を次のように定義する。

1. ［順序集合］ 集合Rの元素a, bの間に、ある一定の規準によって、次の条件を充たす関係が成立するとき、その関係を**順序**といい、集合を**順序集合**という。順序の関係を記号$a<b$で表わすならば：

(1) Rの二つの元素a, bの間には、$a=b, a<b, b<a$なる関係の中、一つが必ず成立つ。

(2) $a=b, a<b, b<a$なる関係の中、二つは同時に成立たない。

(3) （移動律）$a<b, b<c$ならば、$a<c$。

順序というような慣用の語を用いても、我々は上記三条件の外、何等の具体的内容をも仮定しないのである。

$a<b$で、$a<x<b$なる元xがないとき、aをbの**直前の元**といい、bをaの**直後の元**という。

順序集合の各元が直前及び直後の元を有するとき、その集合を**分散的**(discrete)という。但最大元又は最小元があ

るとき*、それらは勿論除いていうのである。例えば、整数の集合は、それの自然の順序(整数の大小の順序)に従て、分散的である。

有限の順序集合は必ず分散的である。

2. 順序集合Rに於て、任意の相異なる二つの元a, bの中間に、他の元cがあるとき($a<c<b$)、従ってa, bの中間に無数の元があるとき**、Rを**稠密**(dense)という。稠密集合では、各元の直前の元又は直後の元というものはない。例えば、有理数の全体は、その大小の順序に於て、稠密である。

3. 順序集合Rを二つの部分A, A'に分けて、Aに属する各元がA'に属する各元よりも小なるようにするとき、これをRの**切断**(cut, Schnitt)といい、A, A'をそれぞれ切断の**下組**, **上組**(又は**前部**, **後部**)という。切断には、次の三つの場合があり得るはずである。

(一) 下組Aに最大元があり、上組A'に最小元がある。これを**跳躍**(leap)という。

(二) 下組Aに最大元がなく、上組A'に最小元がない。これを**隙**(すき、gap)という。

---

* $a<x$なる元xがないとき、aを**最大元**といい、$x<a$なるxがないとき、aを**最小元**という。一般に、$a<b$なるとき、aはbよりも小、bはaよりも大という。大小というても、単に便宜上の称呼に過ぎない。大小の代りに左右又は**前後**などといってもよい。

** 定理2.21の証明参照。

（三）　下組Aに最大元があって、上組A'には最小元がない。又は反対に、上組A'に最小元があって、下組Aには最大元がない。これを切断の**正常の場合**という。

分散集合では、切断はすべて跳躍である。稠密集合では決して跳躍はないが、隙はあることがある。一つの元aを取って、$x<a$なる元xの全部をAとし、その余集合をA'とすれば、aはA'の最小元であるが、このときAに最大元はない。若しもaをAへ入れるならば、即ち$x \leqq a$なる元xの全部をAとするならば、aはAの最大元であるが、そのときA'には最小元がない。このように、稠密集合に於て、一つの元aを境界として、切断を作れば、それは正常の切断である。しかし、このように、元aによって定められない切断が可能で、そのときいわゆる隙が生ずる。例えば、後に言うように、有理数の集合には無数の隙がある。

4.　[連続集合]　順序集合に於て、すべての切断が正常なるとき、それを**連続**、詳しくは、**Dedekindの意味で連続**(continuous)という。即ち、跳躍も隙もない順序集合である。

例えば、直線上の点の全部の集合は、上記の意味で、連続であると、我々は直感する。よって連続集合を或は**線型連続体**(linear continuum)という。本書では、**一次元連続体**という。（但、かく定義された線型連続体の中には、直線上の点の集合以上に複雑なものもある。）

切断の下組・上組は互に連繋して定義されたけれども、

第3章 実　数

それらを切り離して、単独に定義することができる。一方が定義されれば、他の一方は余集合としておのずから確定するであろう。下組の定義は次の通り：

順序集合Rの真の部分集合Aが、元xを含むとき、$x'<x$なるすべての元x'を含むとき、Aを**下組**（**下組集合**）という。――実際、このとき、$a\in A,\ a'\in A'$（余集合）とすれば、$a<a'$。なぜなら：若しも$a'<a$とするならば、$a\in A$から$a'\in A$を得るはずで、それは矛盾である。即ちA, A'は一つの切断の下組，上組である。

同じように、上組は、xを含むとき、$x<x'$なるすべてのx'を含む集合として定義される。

下組は最大元を有することもあり、有せぬこともある。最大元があるときは、それを下組から取り去って上組に入れても、切断に本質的の変りを生じないから、一律に、下組は最大元を有しないものと規定するのが、時にとって便利なこともある。以下、特別に断わらない限り、この規定に従うことにする。

5. ［稠密集合の連続化］　稠密集合Rに隙があれば、その隙を填める新元素を導入してRを拡充し、それを連続集合$\overline{R}$に化することができる。新元素を造るといっても、それは恣意によるのではない。既に存在せるRの隙に、新称呼を与えるに過ぎない。

拡張された集合$\overline{R}$を連続集合に仕上げるために、先ず$\overline{R}$に於て順序を規定せねばならないが、その際Rに於ける既

77

存の順序は勿論保存するのである。さてαを新元素とし、それはRの切断(A, A')に対応するとする。そのときAの元aはすべてαよりも小$(a<\alpha)$又A'の元a'はすべてαよりも大$(\alpha<a')$とする。このようにしてRのすべての元とαとの間の順序を定める。これは自然的であろう。次にα, βを新元素とし、αは前のようにRの切断(A, A')に対応し、又βは切断(B, B')に対応するとする。然らばA, Bは互に異なる下組であるから、例えばBはAに含まれない元bを含むとする。然らばbはA'に属せねばならない。故に、Aの元はbより小で、従ってすべてBに属する。故に集合として$A\subset B$、しかも$A<B$である。このとき、新元素α, βの間の順序を$\alpha<\beta$とする。

初めに定めた新元素と旧元素(Rの元)との間の順序も、下組の間の包含関係に帰する。実際、$a<\alpha$なるときは、aはαの下組に属するのだから、aの下組は全くαの下組に含まれる、又$\alpha<b$なるときは、bはαの上組に属するのだから、αの下組は全くbの下組に含まれる。

即ち新旧の差別なく、一般に$a<b$は、a, bに対応する下組A, Bの間の包含関係$A<B$と同等である*。

$\overline{R}$に於て定義された順序の関係が上に述べた三つの条件(74頁)に適合することは、容易に確かめられる。先ず、

---

* ここで、下組は最大元を含まないという規約に注意することを要する。若しもBが最大元を有して、Bからその最大元を取り去ったのがAだとするならば、$A<B$には相違ないが、そのとき$a=b$。

第3章 実数

(1)、(2)には論はない。——前にいうたように、相異なる二つの下組 A, B は、その中の一つが全く他の一つを含む、即ち $A \neq B$ ならば、$A<B$ か、或は $B<A$ かであるから、$a \neq b$ ならば、$a<b$ か或は $b<a$ かである。又(3)に関しては、$a<b$, $b<c$ として、a, b, c の下組を A, B, C とすれば、$A<B$, $B<C$、従って $A<C$、従って $a<c$。即ち移動律も成立つ。

$\overline{R}$ がこの順序に従って稠密であることは、上記順序の定義を振り返って見れば分かるが、R に於ける下組の包含関係に引き直して考えれば、いっそう明白である。今、A, B を R に於ける下組、$A<B$ として、A に含まれないで B に含まれる R の一つの元を b とすれば、B が最大元を含まぬことから、$b<b_1<b_2<\cdots$ なる元 b_1, b_2, $\cdots$ が B に含まれる。然らば b_1, b_2, $\cdots$ の下組を B_1, B_2, $\cdots$ とすれば、$A<B_1<B_2<\cdots<B$ で、A, B の中間に無数の相異なる下組がある。下組 A, B に対応する元 a, b は $\overline{R}$ に属しても、又は $\overline{R}$ にのみ属しても(即ち旧元素でも、新元素でも) $a<b_1<b_2<\cdots<b$。即ち $\overline{R}$ は稠密である。但 b_1, b_2, $\cdots$ は R に属するのであった。即ち a, b は新元素でも、旧元素でも、a, b の中間に無数の旧元素が存在するのである。

以上の準備を終って、$\overline{R}$ が連続なることの証明に入る。

$\overline{R}$ に於ける一つの切断を (A, A') とする。然らば R の元は A 又は A' に含まれるから、今 A, A' に属する R の元の全体を、それぞれ A, A' とすれば、(A, A') は R に於け

る切断である。その切断に対応する元（旧又は新）をcとする。然らばcはA又はA'のいずれか一方に属せねばならない。今、cがAに属するならば、cはAの最大元であり、又cがA'に属するならば、cはA'の最小元であることを示そう。先ず、$c \in A$とする。若しも仮に、cがAの最大元でなくて、$c < a$, $a \in A$なる$\overline{R}$の元aがあるとするならば、前に述べたように、稠密性によって$c < a_1 < a$なるRの元a_1がある。然らば、$a_1 \in A$, 従って$a_1 \in A$。Aはcの下組なのだから、$c < a_1$は不合理である。即ちcはAの最大元である。次に$c \in A'$とする。そのとき、若しも仮に、cがA'の最小元でなくて、$b < c$, $b \in A'$なる$\overline{R}$の元bがあるとするならば、$b < b_1 < c$なるRの元b_1がある。然らば、$b_1 \in A'$、従って$b_1 \in A'$。A'はcの上組だから、$b_1 < c$は不合理である。即ちcはA'の最小元である。このように、$\overline{R}$の切断(A, A')に於ては、Aに最大元があるか、或はA'に最小元があるから、$\overline{R}$には隙がない。即ち$\overline{R}$は連続である。

以上要約して次の基本的定理を得る。

［定理3.1］　稠密集合の切断を元素として連続集合が生ずる。

さて、我々は有理数が、その大小の順序に於て稠密であることを知っている。故に、若しも有理数の全体の集合に隙があるならば、それを塡めるべき新種の数（即ち無理数）を導入して連続集合を作ることができる。その連続集合が

即ち実数の集合である。しかし、有理数の集合に実際、隙があって、無理数の導入が必要であることは、単に順序の関係だけからは導かれない。この問題に入るに先だって、次に連続集合に関する一般的の定理について述べておく。

§15. 連続集合に関する一般的の定理

1. 順序集合Rの部分集合Sのすべての元xに対して、$a \leqq x$なる元aがRの中に存在するとき、aをSの一つの下界といい、Sは下方に有界であるという。大小の関係を転倒して、双対的に上界が定義される。即ちすべてのxに対して$a \geqq x$なるRの元aがあるとき、aをSの一つの上界といい、Sを上方に有界という。

下界、上界は確定の元ではない。aが一つの下界であるとき、若しも$a'<a$なる元a'があるならば、a'はやっぱりSの下界である。同じように、一つの上界よりも大なる元は、やっぱり上界である。

Sの下界の中に最大なるものがあるならば、それをSの下限という。即ち下限は最大下界である。又Sの上界の中に最小なるものがあるならば、それをSの上限という。即ち上限は最小上界である。

［定理3.2］ 連続集合Rに於ては、部分集合Sが下方（又は上方）に有界ならば、Sは下限（又は上限）を有する。

［証］ Sは下方に有界として、Sの下界の全体をAとする。一つの下界よりも小なる元は、やっぱり下界だから、

Aはいわゆる下組集合である、ここで下組は一般の意味でいう。即ち最大元を含んでもよいのである。我々は今最大下界即ちAの最大元の存在を示そうとするのである！　さて、Rは連続集合だから、若しもAに最大元がないとするならば、Aに対する上組A'に最小元があるはずであるが、それは不可能であることが示されねばならない。今試(こころ)みに$a' \in A'$として見る。然らばa'はSの下界でないのだから、$x \in S$, $x < a'$なるxがある。従って、Rの稠密性によって、$x < a_1' < a'$なるa_1'がRの中にある。$x < a_1'$だから、a_1'はSの下界でない。故に$a_1' \in A'$。そうして$a_1' < a'$であった。即ちA'の如何なる元a'を取っても、それよりも小なるa_1'がA'に含まれる、それはA'に最小元が存在しないことを示すものである。

　Sが上方に有界なるとき、上限の存在することも、同じようにして(双対的に)示される。

　[注意]　上記定理は稠密集合の中に於て連続集合を特徴づけるものである。即ち稠密集合Rに於て上の定理が成立つならば、Rは連続集合である。——実際、(A, A')をRに於ける切断とするとき、A'に最小元があればよし、さもなければ、Aは即ちA'の下界の全体であるから、定理によって、Aに最大元がある。即ち切断(A, A')は正常、Rは連続である。

　Sの下限は連続集合Rの中に存在するのである。だから、Sの下限は必ずしもSの元ではない。若しも、Sに最

小元があるならば、それは勿論Sの下限である。又Sの下限がSの元であるときには、それはSの最小元である。さて、Sが最小元を有しない場合に、下限をaとすれば、aに接近して、Sの元が稠密に集積する。というのは、今任意に$a<a_1$なるa_1をRの中に取るとき、aとa_1との中間に、Sの元が無数に存在するのである。実際、若しもaとa_1との中間にSの元が一つもないならば、Sの元はすべて$\geqq a_1$ということになって、a_1はSの下界である。$a<a_1$であったから、これはaがSの下限即ち最大下界であることに矛盾する。故にaとa_1との中間にSの元は必ずある。その一つをxとすれば、$a<x<a_1$であるが、同じ理由によって(上記のa_1にxを代用して)aとxとの中間にもSの元があるはずである。その一つをx_1とすれば、$a<x_1<x$で、aとx_1の中間にもSの元があるはずだから、結局aとa_1との中間にSの元が無数にある。a_1はaより大なる任意の元(Rの元)であったから、この状態を略言して、aの附近にSの元が**集積する**というのである。

(最も簡単なる一つの例を有理数の範囲から取って見よう。実数の理論を我々は未だ完成していないけれども、実数に関する一般的の知識を仮定して、Rを実数の全体とするのである。さて、Sを$1/n$のような分数の全部の集合とする:$S = \left\{ 1, \ \dfrac{1}{2}, \ \dfrac{1}{3}, \ \cdots, \ \dfrac{1}{n}, \ \cdots \right\}$。この場合、$S$に最小

元はない $\left(\dfrac{1}{n} > \dfrac{1}{n+1} > \cdots\right.$ だから $\left.\right)$。0がSの下限で、1/10000, 1/100000, 等、無数の$1/n$が0の附近に集積する。)

2. 上記の例を一般化して、定理3.2の重要なる一つの特別の場合について述べる。その前に二三用語の説明が必要である。

[定義] 順序集合Rに於て、a, bを二つの元、$a<b$とするとき、$a<x<b$なる元xは**区間**(a, b)に含まれるという。

[定義] 順序集合Rの元が$a_1, a_2, \cdots, a_n, \cdots$のように番号を附けて与えられるとき、それを元の**列**という。略記：$\{a_n\}$。

[定義] 元の列に於て、$a_1<a_2<\cdots<a_n<\cdots$なるとき、それを**増大列**という。$a_1>a_2>\cdots>a_n>\cdots$ならば、**減少列**という。両方を総括して**単調列**という。＜又は＞の所を≦又は≧に緩和するとき、弱い意味で**増大**又は**減少**という。

[定義] 元の列$\{a_n\}$に対して、一定の元aがあって、aを含む如何なる区間(ξ, η)を取っても($\xi<a<\eta$)、それに応じて番号n_0を適当に定めることによって、

$$n>n_0 \quad \text{ならば} \quad \xi<a_n<\eta$$

ならしめることができるとする。そのとき、aを列$\{a_n\}$の**極限**といい、$\{a_n\}$はaに**収斂**するという。記号：

$\lim\limits_{n\to\infty} a_n = a$。又は$n\to\infty$のとき$a_n \to a$。略言すれば、番号$n$が限りなく大きくなるとき、$a_n$が如何程(いかほど)でも$a$に近づくのである。如何程でも$a$に近づくとは、即ち$a$を含む任意の区間（上記の$(\xi, \eta)$）の中に入ってしまうことである。

上記の例で、$a_n = \dfrac{1}{n}$とすれば、極限は0である。$n\to\infty$のとき$\dfrac{1}{n} \to 0$。$\lim\limits_{n\to\infty} \dfrac{1}{n} = 0$。

列$\{a_n\}$が収斂するとき、極限は一定である（唯一つに限る）。それは明白であろう。aが極限であるとき、$a' \neq a$とすれば、aを含んで、a'を含まない区間が取られて、有限個数を除いて、a_nはその区間に入ってしまうのだから、a'を含んで、それらのa_nを一つも含まないような区間が取られるであろう。故にa'は極限でありようがない。

［定理3.3］　連続集合の中に於て、有界なる単調列は極限を有する。

［証］　$\{a_n\}$を増大列とし、それは上方に有界であるとする。然らば、定理3.2によって$\{a_n\}$に上限がある。それをaとすれば、$a_n \to a$。それは明白であろう。——実際aは上限だから、今任意に$\xi < a < \eta$なるξを取るとき、$\xi < a_{n_0} \leq a$なるa_{n_0}がある。$\{a_n\}$は単調増大だから、$n > n_0$なるとき、$a_{n_0} \leq a_n$、従って$\xi \leq a_n$。もとより$a_n \leq a$だから、$n \geq n_0$なるa_nはすべて区間(ξ, η)の中に入る。即ち$\lim\limits_{n\to\infty} a_n = a$。

3. この機会に、集積点の概念について述べておくのが便宜である。集積という語は前にも出たが、今集積点を精確に定義すれば、次に言うようなことになるであろう。

［定義］ 連続集合Rの部分集合Sに対して、Rの元aを含む<u>任意</u>の区間(ξ, η)の中にSの無数の元が含まれるとき、aをSの一つの**集積点**という。

任意というのは、例の通り、"aを含む如何なる区間を取っても"という意味である。又集積点といっても、点に格別の意味はない。それは元である。集積元というべきだが、集積点の方が印象鮮明だから、そういうまでである。単なる称呼である。

Sの下限がSの最小元でないときは、それは一つの集積点である。最大元でない上限も同様である。単調列の極限も集積点である。

［定理3.4］ 連続集合Rに含まれる無限集合Sが有界ならば、Sの集積点が、Rの中に、存在する。

以下、この定理を目標として述べるのであるが、先ずSから元の列$\{a_n\}$を取り出して（定理1.30）、有界なる元の列$\{a_n\}$の集積点が存在することを示そう。それは同時にSの集積点であることは明かである。

列$\{a_n\}$のすべての元の下限をu_1、上限をv_1とし、a_1だけを取り去った残りの元の下限をu_2、上限をv_2とし、一般にi以上の番号の元の列を

$$S_i = \{a_i, \ a_{i+1}, \ \cdots\}$$

として、その下限をu_i、上限をv_iとすれば、

$u_1 \leqq u_2 \leqq \cdots \leqq u_i \leqq \cdots \leqq \cdots \leqq v_i \leqq \cdots \leqq v_2 \leqq v_1$　（1）

で、$\{u_i\}$は弱い意味で単調増大、$\{v_i\}$は単調減少である。故に、定理3.2によって、$\{u_i\}$は上限を有し、$\{v_i\}$は下限を有する。それらをu, vとすれば、

$$u \leqq v \qquad (2)$$

さて、（1）に於て$u_i < u_{i+1}$とすれば、$u_{i+1} \leqq a_{i+1}, a_{i+2}, \cdots$で、$u_{i+1}$は$S_i$の下限$u_i$よりも大きいから、$S_i$の元の中に$u_{i+1}$より小なるものがなければならないが、それは$a_i$の外にはない。即ち$a_i$は$S_i$の最小元で、$u_i = a_i$である。故に（1）の$u_1, u_2, \cdots, u_i, \cdots$の部分で$\leqq$の所に、$<$が無数に成立つならば、無数の$a_i$が、不等記号$<$でつながれて、単調列を作り、その上限が$u$である。即ち$u$はそれらの$a_i$の集積点、従って勿論列$\{a_n\}$全体の集積点である。若し又（1）の$u$の部分に不等記号$<$の成立つ所が有限個所に限るならば、$\leqq$は竟にはすべて$=$になる。即ち或る番号$n$以上、恒に$u_n = u_{n+1} = \cdots$、従って$= u$。この場合には、$u$は$S_n$の下限であるが、$S_n$は最小元を有しないで、$u$は$S_n$の集積点、従って列$\{a_i\}$全体の集積点である。即ち、いずれの場合にも、$u$は集積点である。同様に$v$も$\{a_i\}$の集積点である。

特に$u = v$なる場合には、$u = v = l$と書けば、lを含む任意の区間(ξ, η)を取るとき、或る番号以上のu_n、或る番号以上のv_nは、すべてこの区間の中に入る、従って或

る番号以上のa_nは(u_nとv_nとの間にはさまれるから)すべて(ξ, η)の中に入る。即ちlは列$\{a_n\}$の極限である：$\lim_{n\to\infty} a_n = l$。

§16. 加法公理

1. 連続集合の中に於て、実数の集合を特徴づけるためには、連続性以外、或る種の制約が必要である。その制約は、計量の可能性(measurability)、或はむしろ加法の可能性によって与えられる。加法は次の公理によって統制される*。

（1） 集合Rの元素a, bから加法によって、第三の元素cが一意に定められる：記号：$a + b = c$。

（2） ［結合律］ $(a + b) + c = a + (b + c)$

（3） ［交換律］ $a + b = b + a$

（4） ［減法の可能性］ a, cが与えられるとき$a + b = c$なるbが存在する。

Rが順序集合なるときには、順序と加法との間の連絡が必要である。そのために、次の公理を立てる。

（5） ［加法の単調性］ $a < b$ならば、$a + c < b + c$。

以上が加法公理である。これらの公理から直ぐに出てくる若干の手近な定理を次に述べる。

2. （一） n個の元$a_1, a_2, \cdots, a_n$が与えられたとき、

＊ 附録§24参照。

番号の隣接する二つの元を、その和で置きかえて、次々に加法を行って、竟に一つの元に達するとき、その最後の元(a_1, a_2, …, a_nの和)は、次々に行った加法の順序に関係しない一定の元である。$n = 3$の場合に、これが公理(2)として掲出されているのであるが、帰納法を用いて、それが一般に成立つことが容易に証明される。(§5.2参照)

更に公理(3)の交換律をも用いるならば、隣接しない二つの元を、その和で置き換えて、上記と同様の操作を行っても、最後の結果は一意的に確定である。これらは簡単で周知である。

(二) 公理(4)では、減法$b - a$の可能性だけを仮定したが、それの一意性は公理(5)から出る*。従って、結合律によって

$$b - a = (b + c) - (a + c)$$

を得る。さて一つの元aに関して、$a - a = o$とすれば、任意の元bは(4)によって$a + c$に等しいから、$b - b = o$で、oはaに依存しない確定の元である。これを**零**という。さて$o - a$を$- a$と略記して、それをaの**双対元**という。

(三) $a > b$ならば、(5)によって、$a + (- b) > b + (- b)$即ち$a - b > o$。逆に、これから両辺にbを加えて$a > b$を得るから$a > b$は$a - b > o$と同等である。

---

* 減法の一意性は公理(1)-(4)だけから、(公理(5)を用いないで)導かれる。これは群論の基本定理である。故に公理(1)-(5)の間には、若干の重複がある。

$a > o$ なる a を**正の元**、$a < o$ なる元を**負の元**という。a, $-a$ の中で負でない方を a の**絶対値**といい、それを記号 $|a|$ で表わす、然らば、

(1°)　$a = o$ ならば $|a| = o$、$a \neq o$ ならば $|a| > o$。

(2°)　$|a + b| \leq |a| + |b|$。但、a, b の中一つが正、一つが負なるときに限って、不等記号 $<$ が成立つ。

（四）　加法公理が成立つ上は、相等しい元の和として、整数倍が定義される。n が正又は負の整数又は 0 なるとき、元 a の n 倍 (記号 $a \cdot n$) を次のように帰納的に定義する。

$$a \cdot 0 = o, \quad a \cdot (n \pm 1) = a \cdot n \pm a$$

即ち $a \cdot 1 = a$, $a \cdot 2 = a + a$, $a \cdot (-1) = -a$、等々。

この定義によれば、m, n を任意の整数とするとき、

$$a \cdot (m + n) = a \cdot m + a \cdot n, \quad (a \cdot m) \cdot n = a \cdot mn$$

これらは、帰納法 (n に関して) によって、容易に証明される。

次の分配律も同様である。

$$(a + b) \cdot n = a \cdot n + b \cdot n$$

ここでは、a, b は R の元、n は整数である。これは結合律の一般化である。先ず $n = 0$ のときは明かである。よって、n に関して、等式が成立つとする。然らば

$$\begin{aligned}
(a + b) \cdot (n \pm 1) &= (a + b) \cdot n \pm (a + b) \\
&= a \cdot n + b \cdot n \pm a \pm b \\
&= (a \cdot n \pm a) + (b \cdot n \pm b) \\
&= a \cdot (n \pm 1) + b \cdot (n \pm 1)
\end{aligned}$$

で、$n±1$に対しても等式は成立つ、故にすべての整数nに対して成立つ。

又bに$-b$を代用すれば、
$$(a-b)\cdot n = a\cdot n - b\cdot n$$

$a>o$なるときは、すべての整数nに対する$a\cdot n$の集合は、整数nの集合と同型(相似)である。即ちoは0に対応し、aは1に対応し、一般に$a\cdot n$はnに対応するとき、$a\cdot n$の間の大小の順序は、nの間の順序に随伴する。$a<o$なるときは、$a\cdot n$の集合はnの集合と双対的である(対応は順序を逆にする)。

§17. 実数の概念

1. 実数の概念は次の二つの公理によって規定される。即ち実数の全体を$\mathfrak{R}$と書いて

Ⅰ. $\mathfrak{R}$は一次元連続体である。

Ⅱ. $\mathfrak{R}$に於て、加法公理が成立つ。

[定理3.5] nを与えられたる自然数とするとき、任意の実数bに対して、$a\cdot n = b$なる実数aが存在する。(等分の可能性)

[証] $a\cdot n = b$ならば、$(-a)\cdot n = -b$。又$o\cdot n = o$だから、$b>o$なる場合だけでよい。先ず準備として、$b>o$なるとき、$x>o$、$x\cdot n < b$なるxが存在することをいう。その証明のために、$\mathfrak{R}$の稠密性によって、$o<x_1<x_2<\cdots<x_n<b$なるx_i($i=1,2,\cdots,n$)を取る。然らばx_1+

$(x_2 - x_1) + \cdots + (x_n - x_{n-1}) = x_n < b$。左辺にある正なる$n$個の項の最小のものを$x$とすれば、$x > o$, $x \cdot n < b$。反対に、$x \cdot n > b$なるxの存在は明かである。例えば、$x > b$でよい。さて、$x \cdot n \leqq b$なるxの全体をAとする。$x \cdot n \leqq b$で、$x' < x$ならば、$x'n \leqq b$だから、Aはいわゆる下組である。そこで、Aの上限(定理3.2)をaとして、$a \cdot n = b$を示そう。

先ず仮に$a \cdot n < b$として見よう。然らば$o < b - an$だから、上に述べたように、$o < d$, $d \cdot n < b - an$なるdがあって、$(a + d)n = an + dn < b$。即ち$a + d \in A$, $a + d > a$で、aはAの上限であったから、これ不合理である。

次に、$an > b$とするならば、$an - b > o$だから$o < d$, $d \cdot n < an - b$なるdがあって、$(a - d) \cdot n = an - dn > b$。$a - d \in A$だから、これも不合理である。

$an < b$でもなく、$an > b$でもないから、$an = b$。

解の一意性は、加法の単調性から出る：$a' \geqq a$ならば、$a'n \geqq an$。 (証終)

このように、実数a, bの符号に関係なく、又整数nの符号にも関係なく、ただ$n \neq 0$なる条件の下に$a \cdot n = b$に解aがあって、その解が一意である。この解を$a = b/n$で表わす。

この記号によれば、aが任意の実数、mが任意の整数なるとき、

$$(a \cdot m) / n = (a / n) m$$

実際、$(a/n)m = \alpha$と書けば、
$$\alpha \cdot n = (a/n) \cdot mn = (a/n) \cdot n \cdot m = a \cdot m$$
故に$\alpha = (a \cdot m)/n$である。上記の相等しい実数を$a \cdot m/n$と書く。

然らば
$$\alpha = a \cdot m/n, \quad \beta = a \cdot m'/n', \quad n \neq 0, \quad n' \neq 0$$
と置くとき
$$\alpha \cdot nn' = a \cdot mn', \quad \beta \cdot n'n = a \cdot m'n$$
故に、$mn' = m'n$なるとき、$\alpha = \beta$。又一般に
$$(\alpha \pm \beta)nn' = a \cdot (mn' \pm m'n)$$
即ち
$$a \cdot m/n \pm a \cdot m'/n' = a \cdot (mn' \pm m'n)/nn'$$

§11では、これらの事実を見越して、有理数の相等しいこと、及び有理数の加法を定義したのである。

実数a, bが同一の実数cの整数倍なるとき、a, bを互に**通約される**(commensurable)といい、cをa, bの**公度**(common measure)という。$a = c \cdot m, b = c \cdot n$とすれば、$a = b \cdot m/n, b = a \cdot n/m$である。

$e > o$なる実数eを定めて、o, eに0, 1を対応せしめ、$e \cdot m/n$に有理数m/nを対応せしめるならば、eと通約される実数の全体は、有理数の全体と同型(相似)である。よって$e \cdot m/n$の全体を有理数と同一視して、有理数を実数の一部分と見なして差支ない。以後、o, eを0, 1と書く。

以上は§11で述べた有理数の理論の裏附けである。

2. ［定理3.6］（**アルキメデスの原則**）　$a \neq 0$とすれば、aの整数倍は、上方にも下方にも、有界でない。即ち、特に、$a>0,\ b>0$とすれば、$a \cdot n > b$なる整数nがある。

［証］　後段に述べた場合だけで、十分であろう。$a>0$で、$a \cdot n$が上界を有するとするならば、上限が存在せねばならない(定理3.2)。その上限をlとする。然らば、上限の定義によって
$$l - a < a \cdot n \leq l$$
なるnがある。従って
$$a(n+1) > l$$
これはlに関する約束に反する。故に、$a \cdot n$に上界はない。従って、任意のbに関して、$an > b$なる整数nがある。（証終）

［定理3.7］　有理数は実数の中に稠密に分布される。即ち

(1°)　$\alpha,\ \beta$を任意の相異なる実数とすれば、$\alpha,\ \beta$の中間に、有理数が必ず(従って無数に)存在する。

(2°)　αを任意の実数とするとき、αよりも大なる、又αよりも小なる有理数が(無数に)存在する。

［証］　(1°)　アルキメデスの原則(定理3.6)によって、
$$(\beta - \alpha)n > 1 \text{。従って　} 1/n < \beta - \alpha \quad (1)$$
なる自然数nがある。さて、再びアルキメデスの原則によって、$m/n > \alpha$なる整数mがある。それらの整数の中で最小のものをm_0とする(定理1.13)。

然らば
$$\frac{m_0-1}{n} \leqq \alpha < \frac{m_0}{n}$$

これと(1)とから

$$\frac{m_0-1}{n}+\frac{1}{n}<\alpha+(\beta-\alpha) \quad 即ち \quad \frac{m_0}{n}<\beta$$

即ち

$$\alpha<\frac{m_0}{n}<\beta$$

(2°) これはアルキメデスの原則の特別の場合である。有理数$1/n$の整数倍は、上下共に有界でない。（証終）

［定理3.8］ 有理数の切断(A, A')は一つの実数αによって定められる。即ち、下組Aは$a<\alpha$なる有理数aの全体から成立ち、又上組A'は$a'\geqq\alpha$なる有理数a'の全体から成立つ。このようにして、有理数の切断(A, A')と実数αとは一対一に対応する。

［証］ 下組Aは最大数を有しないものとする（最大数があれば、それを上組に転入する。§14.4）。Aは上方に有界だから、$\mathfrak{R}$に於て上限を有する（定理3.2）。それをαとする。Aは最大数を有しないのであったから、Aの有理数aはすべてαより小である。さて上組A'の有理数a'はAの上界だから$\alpha\leqq a'$。

逆に、αを任意の実数とすれば、$a<\alpha$なる有理数aの全体をAとし、その他の有理数a'の全体をA'として、有

理数の切断(A, A')が確定する。ここでaはAの上限で、Aに最大数はない(定理3.7)。このようにして、有理数の切断と実数とが一対一に対応する。(証終)

[注意] 有理数の代りに、$\mathfrak{R}$の中に稠密に分布される部分集合Rを取っても、上記定理は成立つ。即ちRの切断(A, A')と実数αとの間に一対一の対応が成立ち、実数の全体$\mathfrak{R}$は§14の意味で、Rを連続化して生ずるものである。このような部分集合Rの一例として、十進分数$a/10^n$の集合を挙げることができる。勿論10の代りに、$t > 1$なる自然数tを取ってもよい。a/t^nが$\mathfrak{R}$の中に稠密に分布されることは、定理3.7と同様にして証明される。($t^n > n$だから、あそこの証明で、nの代りに、t^nを用いることができるのである。)

[定理3.9] α, βを任意の実数とし、$a < \alpha$又は$b < \beta$なる有理数a又はbの全体をそれぞれA, Bとする。然らば$c = a + b$の全体をCとするとき、Cの上限が$\alpha + \beta$である。

[証] A, BはR(有理数の集合)に於ける下組であるが、Cも又Rに於ける下組である。実際、$c = a + b$, $c_1 < c$とすれば、$c_1 = a + (c_1 - a)$, $c_1 - a < b$。故に$c_1 - a \in B$、従って$c_1 \in C$。即ちCはRに於ける下組である。

さて、$a < \alpha$, $b < \beta$であったから、加法公理(5)から、$c = a + b < \alpha + \beta$。即ち$\alpha + \beta$は$C$の上界である。

次に$c_1 < \alpha + \beta$とし、$c_1 = \alpha + \beta - \gamma$と置けば$0 < \gamma$。今

$\gamma = \gamma_1 + \gamma_2$, $\gamma_1 > 0$, $\gamma_2 > 0$ とすれば $c_1 = (\alpha - \gamma_1) + (\beta - \gamma_2)$。$\alpha$, β は A, B の上限であったから $\alpha - \gamma_1 < a \in A$, $\beta - \gamma_2 < b \in B$ なる有理数 a, b がある。そうして $c_1 < a + b$。故に $c_1 \in C$。即ち $\alpha + \beta$ よりも小なる有理数 c_1 はすべて C に属する。従って、$\alpha + \beta$ は C の最小の上界、即ち上限である。

3. 我々は公理Ⅰ、Ⅱによって実数を規定して、それから本節の諸定理を導いたが、公理Ⅰ、Ⅱが果して実現されるであろうか。即ち公理Ⅰ、Ⅱに適合する集合 $\mathfrak{R}$ が実際存在するであろうか。このような問題が生ずる。

§14 に於て、我々は有理数の切断によって定義される新元素を R に添加して、連続集合が得られることを述べたが、定理3.8によれば、我々の集合 $\mathfrak{R}$ は、このようにして有理数から生ずるものに外ならないのである。故に、今有理数を既知として、その上に公理Ⅰ、Ⅱに適合する体系 $\mathfrak{R}$ を組立てて、$\mathfrak{R}$ の可能性を確認するためには、加法公理を有理数のみに関して仮定して、新元素の加法を適当に定義して、その定義に従って、加法公理が一般に成立つ（新旧元素の全体に関して成立つ）ことが示されればよい。しかも、加法公理が成立つことを要求する以上、$\alpha + \beta$ は、定理3.9に言うように、α, β の下組 A, B から作られた下組 C の上限として定義することが絶対に必要である。即ち、問題として残るのは、次の二つの論点である。

（一）　$\alpha + \beta$ のこの定義は、α, β が有理数なる場合に於

ける既定の $\alpha + \beta$ に矛盾しないこと。

これは、定理3.9の証明に於て、α, β を有理数とすればよい。

(二) 加法公理が一般に成立すること。

交換律。有理数に関しては $a + b = b + a$ だから、$\alpha + \beta$ も $\beta + \alpha$ も同一の下組 C の上限である。従って $\alpha + \beta = \beta + \alpha$。

結合律も同様。

減法の可能性。実数 α, β が与えられたとき、一般的に a, a' を $a < \alpha < a'$ なる有理数、b を $b < \beta$ なる有理数とすれば、$b - a'$ の全体は一つの下組を成す。それが定める実数を γ とすれば $\alpha + \gamma = \beta$ である。実際、$a + b - a' = b_1$ とすれば、$b_1 < b$ だから、α 及び γ の下組の有理数の和は β の下組に属する。逆に $b_1 < \beta$ が与えられたとき、$b_1 < b < \beta$ として、$a + b - a' = b_1$ なる a, a' が存在することが示されて、$\alpha + \gamma = \beta$ が確定する。上記の等式は $b - b_1 = a' - a$ を意味するから、任意に有理数 $\gamma > c$ を与えるとき、$a' - a = \gamma$, $a < \alpha < a'$ なる a, a' の存在が示されればよい。そのために、γ の整数倍で、α よりも小なるものの中、最も大きいのを a とする*。然らば $a' = a + \gamma \geqq \alpha$。ここで等号が成立たなければ、$a' - a = \gamma$ で、丁度よい。若しも α が有理数で $a' = \alpha$ ならば、$a < a_1 < \alpha$, $a_1' = a_1 + \gamma$ とす

---

* 有理数の範囲内で、アルキメデスの原則が成立つ。

れば、$a_1 < \alpha < a_1'$, $a_1' - a_1 = \gamma$ だから、それでよい。

加法の単調性。$\alpha < \beta$ ならば、$\alpha < a' < b < \beta$ なる有理数 a', b がある。そこで任意の γ に対して、$c < \gamma < c'$, $c' - c < b - a'$ なる c, c' を取れば、$a' + c' < b + c$。$\alpha + \gamma < a' + c'$, $b + c < \beta + \gamma$ だから、$\alpha + \gamma < \beta + \gamma$。

以上、加法公理はすべて験証されて、我々の問題は解決された。

我々は実数論の目標として公理Ⅰ、Ⅱを立てたのであったが、実数論が出来上った後に、その成果だけを展開して見せるのならば、解析的な前半を省いて、ここで(本節3)述べた綜合的な後半のみを提示すれば十分であったのである。それは即ちデデキンドの無理数論の立場であった[*]。

§18. 数列の収斂

連続集合の中に於て、無限列の極限を、単に連続性のみに基づいて、§15で定義したが、実数に関しては、加法公理を援用することによって、収斂の条件が、いっそう明確に述べられる。就中、次に述べる二つの定理が、我々の立場に於て重要である。

1. ［定理3.10］ 任意の実数に収斂する有理数列が存在する。即ち、実数が、収斂する数列の極限として、有理数によって表現される。

---

[*] Dedekind, Stetigkeit und irrationale Zahlen, 1872.

［証］　$\{\varepsilon_n\}$を0に収斂する有理数列、例えば、$\varepsilon_n = 1/n$とする。さて、αを任意の実数とするとき、区間$(\alpha - \varepsilon_n, \alpha)$に含まれる有理数$a_n$が存在する（定理3.7）。然らば有理数列$\{a_n\}$は$\alpha$に収斂する。$a_n \to \alpha$。（証終）

　2.　一般に、数列$\{a_n\}$の収斂に関しては、§15.3で述べたが、収斂の鑑定条件が、加法公理を用いて、次のように述べられる。

　［定理3.11］　数列$\{a_n\}$に於て、項a_nの番号が限りなく大きくなるとき、項の大きさの変動が、竟には、如何ほどでも小さくなるならば、$\{a_n\}$は収斂する。

　詳しく言えば：任意に$\varepsilon > 0$が与えられるとき、それに応じて或る番号nを適当に取れば、

$$p \geq n, \quad q \geq n \quad \text{なるとき} \quad |a_p - a_q| < \varepsilon$$

になる、というのが条件で、この条件が成立つならば、数列$\{a_n\}$は収斂する、というのである。即ち、主張する所は、一定の数aが存在して、今度も任意の$\varepsilon < 0$に対して、或る番号nを適当に取れば、

$$p \geq n \quad \text{なるとき} \quad |a_p - a| < \varepsilon$$

になるというのである。

　［証］　§15.3に連絡して証明をする。先ず数列$\{a_n\}$が有界であることを示そう。一つの$\varepsilon_0 > 0$をきめて、仮定によって、それに応ずる番号n_0を取る。然らば（p, qの中、一方をn_0にして）

$$p \geq n_0 \quad \text{ならば} \quad |a_p - a_{n_0}| < \varepsilon_0$$

即ち、$p>n_0$なるa_pはすべて区間$(a_{n_0}-\varepsilon_0,\ a_{n_0}+\varepsilon)$に含まれる。故に$n_0$以上の番号の$a_p$の全体は有界である。数列$\{a_n\}$の全体は、それに$n_0$番より前の有限個の項が追加されるだけだから、有界性は動かない。

数列$\{a_n\}$が有界だから、§15.3に述べたように、$\{a_n\}$に関して$u,\ v$が存在して、それは$\{a_n\}$の集積点である。そうして$u\leqq v$であったが、今の場合$u<v$はない。今仮に$u<v$として、

$$u<\xi<\eta<v$$

なる$\xi,\ \eta$を取って見る。然らば、$u,\ v$が集積点だから、如何に大きな番号nを取っても、$p>n,\ q>n$で$a_p<\xi$なるa_p、及び$a_q>\eta$なるa_qがある。従って恒に$|a_p-a_q|<\eta-\xi$ということはあり得ない。これは仮定に反する。故に$u=v$で、それが即ち$\{a_n\}$の極限である。　（証終）

§19. 乗法・除法

実数論の基礎は完成した。しかし、我々はまだ実数の乗法・除法を定義していない。それは実数論に於て、必ずしも基礎的でない。我々は今定理3.11を応用する一つの方法によって、乗法・除法を定義して、本編を終ろうと思う。

1. 乗法を、加法と同様に、有理数の切断によって定義することもできるが、ここでは有理数列の極限として、無理数の関係する乗法を導き出すことにする。そのために、

先ず二三の簡単なる予備定理について述べる。

（一） 数列 $\{a_n\}$, $\{b_n\}$ がそれぞれ a, b に収斂すれば、数列 $\{a_n \pm b_n\}$ は $a \pm b$ に収斂する。

［証］ $\varepsilon > 0$ が与えられてあるとして、$\varepsilon = \varepsilon_1 + \varepsilon_2$, $\varepsilon_1 > 0$, $\varepsilon_2 > 0$ とする。
仮定によって $a_n \to a$ だから
$$n > n_1 \quad \text{なるとき} \quad |a - a_n| < \varepsilon_1$$
なる n_1 がある。同様に
$$n > n_2 \quad \text{なるとき} \quad |b - b_n| < \varepsilon_2$$
なる n_2 がある。故に $n_0 > n_1$, n_2 とすれば、
$$n > n_0 \quad \text{なるとき} \quad |a - a_n| < \varepsilon_1, \quad |b - b_n| < \varepsilon_2$$
従って
$$|(a+b) - (a_n + b_n)| = |(a - a_n) + (b - b_n)|$$
$$\leqq |a - a_n| + |b - b_n| < \varepsilon_1 + \varepsilon_2 = \varepsilon$$
即ち
$$a_n + b_n \to a + b$$
同様に、
$$a_n - b_n \to a - b \qquad \text{（証終）}$$

（二） 数列 $\{a_n\}$ は有界で、$\{e_n\}$ は 0 に収斂するならば、数列 $\{a_n e_n\}$ も 0 に収斂する。

［証］ 仮定によって $|a_n|$ の一つの上界を $g > 0$ とする。又仮定によって、与えられた $\varepsilon > 0$ に対して、$n > n_0$ なるとき $|e_n| < \varepsilon / g$ なる n_0 がある。従って、$n > n_0$ なるとき $|a_n e_n| = |a_n| |e_n| < \varepsilon$。即ち $a_n e_n \to 0$。 （証終）

第3章 実 数

[定理3.12] 与えられた実数a, bにそれぞれ収斂する有理数列を$\{a_n\}$, $\{b_n\}$とすれば(定理3.10)、有理数列$\{a_n b_n\}$は一定の極限λに収斂する。一定というのは、λがa, bにのみ関係して、数列$\{a_n\}$, $\{b_n\}$の選択に関係しないことを意味する。a, bが有理数なる場合には、$\lambda = ab$。

[証] 仮定によって、与えられた$\varepsilon > 0$に対して、$m, n > n_0$なるとき、
$$|a_m - a_n| < \varepsilon, \quad |b_m - b_n| < \varepsilon$$
とする。又仮定によって、有界なる$\{a_n\}$, $\{b_n\}$の共通の上界$g > 0$を取る。

然らば
$$|a_m b_m - a_n b_n| = |a_m(b_m - b_n) + b_n(a_m - a_n)|$$
$$\leq |a_m||b_m - b_n| + |b_n||a_m - a_n| < g\varepsilon + g\varepsilon = 2g\varepsilon$$

$2g\varepsilon$は任意に与えられた正数と見てよいから*、数列$\{a_n b_n\}$は収斂する(定理3.11)。その極限をλとする:$a_n b_n \to \lambda$。

さて$\{x_n\}$, $\{y_n\}$をa, bに収斂する任意の有理数列として、
$$x_n = a_n + e_n, \quad y_n = b_n + e_n{}'$$
と置けば、$\{e_n\}$, $\{e_n{}'\}$は0に収斂する[上記(一)によ

---

* 式の上で、$|a_m b_m - a_n b_n| < \varepsilon$が出したいならば、始めに$|a_m - a_n|$, $|b_m - b_n| < \varepsilon/2g$として出発すればよいのであった。実質的に何のかわりもない。

る］。そうして、
$$x_n y_n = (a_n + e_n)(b_n + e_n')$$
$$= a_n b_n + a_n e_n' + b_n e_n + e_n e_n'$$
$a_n b_n \to \lambda$, $a_n e_n' \to 0$, $b_n e_n \to 0$, $e_n e_n' \to 0$［上記（二）による］だから、（一）によって $x_n y_n \to \lambda + 0 + 0 + 0$、即ち $x_n y_n \to \lambda$。

最後に、a, b が有理数なるとき、$a_n = a$, $b_n = b$ とすれば、$a_n b_n = ab$。即ち $a_n b_n \to ab$, $\lambda = ab$。（証終）

［乗法の定義］　定理3.12によって、実数 a, b から生ずる確定の実数 λ を a, b の積とする。定理3.12の末段によれば、この積は有理数に関して既定の積と一致する。

［定理3.13］（結合律）　$ab \cdot c = a \cdot bc$

［証］　a, b, c に収斂する有理数列を $\{a_n\}$, $\{b_n\}$, $\{c_n\}$ とすれば、

$a_n b_n \cdot c_n = a_n \cdot b_n c_n$, $a_n b_n \cdot c_n \to ab \cdot c$, $a_n \cdot b_n c_n \to a \cdot bc$

［定理3.14］（交換律）　$ab = ba$

［定理3.15］（分配律）　$(a + b)c = ac + bc$

［証］　上と同様。

［定理3.16］（乗法の連続性）　任意の実数列に関して
$$a_n \to a, \quad b_n \to b \quad \text{ならば、} \quad a_n b_n \to ab$$

［証］　実数の積が定義された上は、上記の諸定理を用いて、定理3.12の証明が、そのまま実数列 $\{a_n\}$, $\{b_n\}$ に適用される。

第3章 実数

［定理3.17］ 二つの実数の積に於て、因子が同じ符号ならば、積は正、因子が異なる符号ならば、積は負で、因子の一つが0ならば、積は0である。

［証］ 分配律によって、$a(b-b) = ab - ab$, 即ち $a \cdot 0 = 0$。又 $(0-a)b = 0 \cdot b - ab$ 即ち $(-a)b = -(ab)$。故に $a > 0$, $b > 0$ なるとき $ab > 0$ なることを示せばよい。

さて、$a > 0$, $b > 0$ ならば、a, b を単調に増大する正の有理数列 $\{a_n\}$, $\{b_n\}$ の極限(この場合、上限)として表わすことができる。従って ab は $\{a_n b_n\}$ の上限で、$ab > a_1 b_1$。a_1, b_1 は有理数で $a_1 > 0$, $b_1 > 0$ だから、$a_1 b_1 > 0$。故に $ab > 0$。

［定理3.18］（除法の可能性） $a \neq 0$ ならば、$ax = b$ は一意の解を有する。

［証］ $a > 0$, $b > 0$ の場合だけで十分であろう。ax の単調性と連続性とを用いて、証明をして見よう。$a > 0$ だから、$a(x_1 - x_2) = ax_1 - ax_2$ から、$x_1 < x_2$ なるとき、$ax_1 < ax_2$。それが ax の単調性である。さて $ax \leq b$ なる実数 x の集合を M とすれば、$0 \in M$ だから、M は空ではないが、M は上方に有界である。（アルキメデスの原則によって、$an > b$ なる自然数 n があって、$x > n$ ならば $ax > b$ だから、n が M の一つの上界である。）従って M に上限がある。それを x_0 とすれば、$ax_0 < b$ でもなく、$ax_0 > b$ でもなく、従って $ax_0 = b$ なることが示される。先ず仮に、$ax_0 < b$ とするならば、$x_0 \in M$ で、従って x_0 は M の最大

数、従って任意の$h>0$に関して$a(x_0+h)>b$、即ち$ax_0+ah>b$。このように$ax_0<b<ax_0+ah$だから、$ah>b-ax_0>0$。ahはhと共に如何ほどにも小さくなるから、それが一定の$b-ax_0$よりも大きいということは不合理である。よって、$ax_0<b$という仮定はいけない。次に、$ax_0>b$として見る。然らば、x_0はMの上限であったから、任意の$h>0$に対して$x_0-h\in M$、従って$a(x_0-h)\leq b$。即ち$ax_0-ah\leq b<ax_0$。従って、今度も$ah>ax_0-b>0$。それは不合理である。よって$ax_0>b$もいけない。故に$ax_0=b$で、$x_0=b/a$。

さて、$ax=b$の解が一意であることは、axの単調性から明かである。（証終）

§20. 十進法による実数の表現

1. 実数は有理数によって、収斂する数列の極限として表現されるが、就中、最も簡明なのは、十進数（いわゆる小数、decimals）による表現である。ここでは、tを1より大なる任意の自然数として、t進法について説明する。

［定理3.19］ tは自然数、$t>1$、a_nは整数として、任意の実数αを単調増大数列a_n/t^n, $n=0, 1, 2, \cdots$の極限として表わすことができる。

［証］ アルキメデスの原則（定理3.6）によって、$a_n/t^n\leq\alpha$なる最大の整数a_nを取る。即ち

$$\frac{a_n}{t^n} \leq \alpha < \frac{a_n+1}{t^n} \qquad (1)$$

従って

$$\alpha - \frac{a_n}{t^n} < \frac{1}{t^n}$$

n を限りなく大きくするとき、$1/t^n$ は如何ほどにも小さくなるから*、

$$\lim_{n\to\infty} \frac{a_n}{t^n} = \alpha \qquad (2)$$

a_n の意味によって、

$$\frac{a_{n-1}}{t^{n-1}} = \frac{a_{n-1} t}{t^n} \leq \frac{a_n}{t^n}$$

故に数列 a_n/t^n は(弱い意味で)単調に増大する。 (証終)

2. 上記(1)に於て、

$$\frac{a_{n-1}}{t^{n-1}} \leq \frac{a_n}{t^n} \leq \alpha < \frac{a_{n-1}+1}{t^{n-1}}$$

故に

$$\frac{a_n}{t^n} - \frac{a_{n-1}}{t^{n-1}} = \frac{c_n}{t^n}$$

と置けば

$$0 \leq c_n < t \qquad (3)$$

---

* $t>1$ から $t^n>n$ が帰納法で導かれる。さて $\varepsilon>0$ を任意に取るとき、アルキメデスの原則によって $n\varepsilon>1$ なる自然数 n がある。そうして $\varepsilon > \frac{1}{n} > \frac{1}{t^n}$。

nに1, 2, …を代入して、加えて

$$\frac{a_n}{t^n} = c_0 + \frac{c_1}{t} + \frac{c_2}{t^2} + \cdots + \frac{c_n}{t^n} \qquad (4)$$

ここで、c_0はαを越えない最大の整数で、その他のc_iは(3)に適合する。

即ち(2)を

$$\alpha = c_0 + \frac{c_1}{t} + \frac{c_2}{t^2} + \cdots + \frac{c_n}{t^n} + \cdots \qquad (5)$$

のように、無限級数の形に書くことができる。これが、αのt進法での表現である。但、(5)では、$\alpha<0$のとき、c_0だけが負で、分数部分は正である。(通常は負なる$-\alpha$はαの展開に符号$-$を附ける。)

逆に、条件(3)の下に於て、(4)の数列a_n/t^n ($n = 0, 1, 2, …$)は収斂する。これは単調に増大して、有界($\leq c_0 + 1$)なる数列である。

展開(5)は、一般には、一意的であるが、$\alpha = a/t^m$の場合だけは例外である(例えば、十進法で、$0.7 = 0.7000\cdots = 0.6999\cdots$)。上文に述べた方法で展開すれば、結果は一定であるが、(1)でa_nを定める所で、それを$a_n/t^n \leq \alpha$の代りに、$a_n/t^n < \alpha$なる最大の整数としても、αに収斂する数列は得られる。そうすれば、$\alpha = a/t^m$の場合、$a_m = a - 1$, $a_{m+1} = at - 1$, $a_{m+2} = at^2 - 1$, …, 従って, $c_{m+1} = c_{m+2} = \cdots = t - 1$になる。これは、恰(あたか)も、$\alpha$が有理数なる場合に、$\alpha$を下組に入れ又は上組に入れて、二つの切断

第3章 実数

が生ずるのと同様の事情で、事柄の性質上、已むを得ないのである。

この場合を外にしては、展開(5)は一意的である。今 α, α' の展開を

$$\alpha = c_0, \ c_1 c_2 \cdots, \quad \alpha' = c_0', \ c_1' c_2' \cdots$$

と略記して、$c_i = c_i'$, $i < m$, $c_m > c_m'$ とする。然らば、α が上の例外の場合 a_m/t^m に当らないならば、$c_n (n > m)$ が全部 0 ではないのだから、$\alpha > a_m/t^m$。(但 a_m/t^m は α の展開を $1/t^m$ の項までで打切った数とする。)さて $c_m > c_m'$ から、$a_m/t^m \geqq \alpha'$。故に $\alpha > \alpha'$ である。

3. 一般に、t 進法に関して成立つことだが、特に十進法についていえば、$a/10^n$ の形のものを除けば、有理数の十進展開は循環小数になり、又逆に循環小数は有理数に等しいことは周知である[*]。よって循環しない無限十進数(例えば、10, 100, 1000, …を並べて書いた 0.101001000…)は無理数である。ここに至って、さきに §14 で残して置いた問題——実数は有理数以外の新元素を実際含むこと——が解決されたのである。

循環小数以外の無限十進数が、すべて無理数であるからには、実数の中で、有理数は極めて特別な小部分で、無理数が圧倒的な大部分を占めるかに思われるであろう。実際、いっそう精密に、次の定理が成立って、それが十進展

---

[*] 髙木、初等整数論講義。

開を用いて簡明に証明されるから、ついでにここで述べて置こう。

［定理3.20］　無理数の全体は可附番でない。

［証］　仮に無理数の全体が可附番であるとするならば、それと可附番なる有理数の全体とを合併した実数の全体が可附番ということになるであろう。故に今既に区間(0, 1)の実数の全体が可附番でないことが示されるならば、定理は証明されたことになる。今仮に区間(0, 1)の実数の全体が可附番であると仮定するならば、それらの実数の全部に、α_1, α_2, …のように、番号が附けられるであろう。これらの実数を十進法で
$$\alpha_n = 0.c_1^{(n)} c_2^{(n)} \cdots c_n^{(n)} \cdots$$
と書く。但し展開は正規のものとして、例えば0.5は0.500…のように書いて、0.499…のようには書かないことにする。さて、これらのα_nのどれとも異なる実数αが区間(0, 1)の中に必ずあることが、次のようにして示される。そのような
$$\alpha = 0.c_1 c_2 \cdots c_n \cdots$$
を得るには、すべての番号nに関して$c_n \neq c_n^{(n)}$にすればよい。例えば$c_n^{(n)}$が偶数ならば$c_n = 1$、$c_n^{(n)}$が奇数ならば$c_n = 2$とすればよい。そうすれば、$\alpha = 0.c_1 c_2 \cdots$は正規の展開で、$\alpha_1$とは第一位の数字が違い、$\alpha_2$とは第二位の数字が違い、一般に$\alpha_n$とは第$n$位の数字が違うから、$\alpha$は$\alpha_1$, α_2, …, α_n, …の中に含まれていない。即ち区間(0,

1)の実数の全体が可附番であるという仮定は不合理である。（証終）

［附記］ 任意の区間(a, b)は集合として区間$(0, 1)$と同等である。──実際，一次変形

$$y = a + (b - a)x, \text{ 即ち } x = \frac{y - a}{b - a}$$

によって、$0 < x < 1$ と $a < y < b$ とが一対一に対応する。故に、任意の区間（如何ほど狭くとも）の無理数が可附番でない。

§21. 実数体系の特徴

1. 我々は実数の集合を、加法公理を許す一次元連続体として規定した。加法公理は合同の概念を根拠とするもので、それは空間（直線）の場合、最も直感的というべきものであろうが、時間に適用するとき、事情は一変する。時間の合同ということは、間接的、規約的（conventional）である。

我々は加法公理と連続公理とから、先ず有理数を導いたが、有理数が得られた上は、連続公理によって、有理数が実数の中に稠密に分布されることが示されて、有理数の切断の隙を填充するものとして、実数の体系が得られたのであった（定理3.7, 3.8）。さて、有理数の全体は可附番なる稠密集合と同型であるから（定理2.24）、§17公理IIを次に掲げる公理II*で置き換えることができる。それを仮

に可附番性の公理と呼ぼう。

Ⅱ*. $\mathfrak{R}$（実数の集合）の中に、可附番なる部分集合の元素が稠密に分布される。

可附番なる集合は、最も簡単なる無限集合というべきものであるが、それが$\mathfrak{R}$の中に稠密に分布されて、$\mathfrak{R}$を抑制するというのである。加法公理をこの公理Ⅱ*で置き換えるならば、それは、空間にも、時間にも、同様に適用される所に、興味がある。

2. 我々は更に一歩を進めて、技巧的なる'可附番'をも払拭して、直截的に、次に述べるような意味で、最も簡単なる一次元連続体として、実数の体系を統制することを試みる。

前のように、実数の集合を$\mathfrak{R}$と書いて、次の公理を立てる。

Ⅰ. $\mathfrak{R}$は一次元連続体である。

Ⅱ. すべて、一次元連続体は$\mathfrak{R}$と同型（相似）なる部分集合を含む。（約言すれば、$\mathfrak{R}$は最も簡単なる一次元連続体である。）

この二つの公理の上に、実数の体系を組み立て得ることを示すために、任意に与えられた一次元連続体Ωの中に、実数の集合と同型なる部分集合が存在することを証明しよう。

先ず、Ωが無限界であることから、Ωの中に整数の集合と同型なる部分集合が求められる。Ωの任意の一つの元を

取って、それに整数0を対応させる。或はむしろ、0を以てその元を表わす記号とする。Ωは無限界だから、この元0よりも大なる元がある。その中から任意の一つを取ってそれを1で表わす。同じように、0より小なる一つの元を−1とする。以下同様にして2, 3, …、−2, −3, …を取って、それらの全体をR_0と名づける。（選択公理）

次には、Ωの稠密性を用いる。Ωの区間$(n, n+1)$から任意に一つの元を取って、それを$\dfrac{2n+1}{2}$とする。なお、R_0の元nを$2n/2$として、元$m/2$の全体をR_1とする。従って$R_0 < R_1$。

このような操作を続けて、2^nを分母とする凡ての有理数の集合と同型なる部分集合R_nがΩの中から求められる（数学的帰納法）。然らば

$$R_0 < R_1 < \cdots < R_n < \cdots$$

すべての自然数nに対するこれらの集合R_nの合併集合をRとする：

$$R = \bigvee_{n=0}^{\infty} R_n$$

然らば、Rはすべての有限二進数の集合と同型である。——Rの元の間のΩに於ける順序$a \lessgtr b$は、これらの元の記号として用いた二進数の間の大小の順序$a \lessgtr b$と平行するのであった*。

---

* 0, 1, 1/2等々は元の記号として用いたのである。それらをa_0, a_1, $a_{1/2}$などと書かなくても誤解はないであろう。

さて
$$\alpha = c \cdot c_1 c_2 \cdots = \sum_{i=0}^{\infty} c_i / 2^i, \quad c_i = 0, 1$$
を無限二進分数とし*、$a_n / 2^n = \sum_{i=0}^{n} c_i / 2^i$ をその部分和とすれば、R_n に於て $a_n / 2^n$ で表わされた元は、$n = 0, 1, 2, \cdots$ に対して単調列を成し、それは連続集合 Ω に於て上限を有する(定理3.2)。それを α で表わして、それらの凡てを R に添加して集合 $\overline{R}$ を作るならば、Ω のこの部分集合 $\overline{R}$ は実数の集合と同型である。（証終）

対照のために言うのであるが、同様の意味に於て、整数は最も簡単な順序集合として、又有理数は最も簡単な稠密集合として、規定される。即ち：

整数の集合は、無限界なる(最大も最小もない)順序集合であるが、すべて無限界なる順序集合は、整数の集合と同型なる部分集合を含む。——上記の集合 R_0 がそれである。

有理数の集合は、無限界なる稠密集合であるが、すべて無限界なる稠密集合は、有理数の集合と同型なる部分集合を含む。——上記の集合 R は稠密で可附番だから、有理数の集合と同型である(定理2.24)。

---

* 真の無限二進分数の意味でいう。即ち、例えば、0.111…のように、有限二進分数に等しいものは除く。R は稠密ではあるが、Ω に於て稠密に分布されているのではないから、次に言うようにして、0.111…に対応する α を Ω の中に求めるならば、それは Ω に於て既に1で表わされてある元と必ずしも一致しないであろう。

$$0 \quad \frac{1}{4} \quad \frac{1}{2} \quad \frac{3}{4} \quad \frac{7}{8} \quad 0.111\cdots \quad 1$$

第3章 実 数

3. 直線上の点の全体と同型なる集合を得ることを目標として、我々は実数を一次元連続体として規定したのであるが、一次元連続体は、その範囲が広汎に過ぎて、それを制約すべき附帯条件として、加法公理又はそれに代わるべき極小性の条件（上記1のII*又は2のII）を要するのである。連続公理の創意者デデキンドに於て*、この論点が十分に強調されていなかったのは、ユークリッド以来の伝統として、加法があまりにも当然なる原則として黙認されていたためであろう。

実数の集合よりも複雑なる、いわば'密度の高い'一次元連続体の手近な一例が、次のようにして作られる。それは、約言すれば、直線上の各点を線分で置き換えるのである。但、連続性を保持するために、線分は閉線分なることを要する。詳しくいえば、次の通り。

xは任意の実数、yは$0 \leqq y \leqq 1$なる実数として、x, yの組合せ(x, y)を元素とする集合Ωを取って、Ωに於て、次のように順序を定義する。即ち二つの元素(x, y), (x', y')は$x = x'$, $y = y'$なるとき相等しいとし、相等しからざる場合には、$x < x'$のとき、又は$x = x'$ならば、$y < y'$なるとき、$(x, y) < (x', y')$とする。いわゆる辞書式順序（イロハ順）である。これが順序の規準に適合することは明白である。

さて、この順序に従って、Ωは連続であることを示そ

---

* Dedekind, Stetigkeit und irrationale Zahlen.

う。Ωの一つの切断を(A, A')とするとき二つの場合が生ずる。先ず、AとA'とに、第一項が同一なる元素が含まれないとする。この場合には、切断(A, A')によって、第一項xの中に切断が生ずる。よって、例えば、Aの元素の第一項xに最大のもの、$x = x_0$があって、従ってA'の元素の第一項には最小のものがないとする。このときAは(x_0, y)なる元素を全部含まねばならないから、Aは$(x_0, 1)$を含むが、それはAの最大元素である。そうしてA'の元素(x', y)の中には(x'に最小がないから)最小元素はない。即ち切断(A, B)は正常である。次に、AとA'とが同一の第一項$x = a$を有する元素(a, y)を含むとする。この場合には、切断(A, A')によって、元素(a, y)の第二項yの中に切断が惹き起される。よって、今度は、例えばA'に属する(a, y)の第二項yに最小のものがあるとして、それをy_0とすれば、(a, y_0)がA'の最小元で、Aには最大元がない。即ち、Ωは連続である。

さて、Ωが実数の集合$\mathfrak{R}$と同型であり得ないことは、次のようにして示される。Ωに於ける区間$(x, 0) < (x, y) < (x, 1)$を$I(x)$と書く。若しも、Ωが$\mathfrak{R}$と同型ならば、Ωの区間$I(x)$は実数の区間Iに対応し、異なるxに関する$I(x)$には共通点を有しない$\mathfrak{R}$の区間Iが対応し、これらの区間は有理数を含むから、区間Iは可附番である。然るにすべてのxに関する$I(x)$は実数xの全体と対等だから、可附番でない(定理3.20)。これ不合理である。

第3章 実数

　同様の方法によって、三項以上、或は無限数の項から成る(x, y, z)又は$(x_1, x_2, \cdots, x_n, \cdots)$を元素として、いっそう複雑なる一次元連続体が作られるであろう。

　[附記]　超限順序数を用いるならば、任意の濃度を有する一次元連続体が作られる。αを一つの超限順序数とし、$\xi<\alpha$なる超限順序数ξを第一項として、今度は下方は閉じられ、上方は開いた連続集合の元素、例えば$0\leqq x$なる実数xを第二項とする(ξ, x)を元素として、集合Ωを作り、Ωに於ける(ξ, x)の間の順序を、上記と同様に、辞書式に定めるならば、Ωは連続である。詳しくは述べないが、集合論を学んだ読者には、容易に了解されるであろう。

　4.　我々は連続公理を基礎として、加法公理によってそれを制約して、実数の体系に達したのであったが、或は又ヒルベルトに倣って、加法公理を基礎に置いて、それに'少量の連続性'を加味して、実数の体系を組み立てることもできる。ヒルベルト式の実数公理は次のようである*。

　Ⅰ．$\mathfrak{R}$は順序集合である。

　Ⅱ．$\mathfrak{R}$に於て§16の加法公理(1)–(5)が成立つ。

　Ⅲ．$\mathfrak{R}$に於てアルキメデスの原則(定理3.6)が成立つ。

　Ⅳ．$\mathfrak{R}$はⅠ、Ⅱ、Ⅲに適合する最広範囲の集合である。

　公理Ⅰ、Ⅱによれば、$\mathfrak{R}$は整数の集合(と同型なる集合)を含まねばならないが、公理Ⅰ、Ⅱだけならば、整数の集

---

*　Hilbert, Grundlagen der Geometrie.

合が、既にそれに適合する。その上に公理Ⅳを用いるならば、$\mathfrak{R}$ は少くとも実数の集合を含まねばならない(同型の意味でいう)。さて、公理Ⅲは、連結性ともいうべきもので、それは外観上、連続性に無関係のように見えるけれども(但、定理3.6の証明参照)、よく連続性の氾濫を抑制して、$\mathfrak{R}$ を実数の範囲に止まらしめる力を有するのである。実際、公理Ⅲによれば、有理数が $\mathfrak{R}$ の中に稠密に分布される(定理3.7の証明参照)。そこで、α を $\mathfrak{R}$ の任意の元素として、α よりも小なる有理数の全体を A とすれば、A は有理数内の下組集合で、それが $\mathfrak{R}$ に於て定める実数を λ とすれば、$\alpha = \lambda$ でなければならない。若しも $\alpha \neq \lambda$ とするならば α と λ との中間にある有理数が A に属することから矛盾が生ずる(定理3.8の証明参照)。このように $\mathfrak{R}$ の任意の元素 α が実数に等しいから、$\mathfrak{R}$ は実数の集合である。

　上記公理の中、Ⅱの(1)-(4)は $\mathfrak{R}$ が加法群(アーベル群)を成すことを表わし、又Ⅱの(5)即ち加法の単調性と、Ⅲのアルキメデスの原則とは、いずれも $\mathfrak{R}$ に於ける順序と加法とを連絡するものである。

　大まかに言えば、実数は順序集合として、連続性を有する最小範囲のものであり、又アルキメデスの原則の下に於て、加法群の最大範囲のものである。

附 録

§22. カントル、メレーの実数論

カントル(Cantor)、及びそれとは別に、メレー(Méray)は、§18に述べた収斂条件をみたす有理数列を以て、始めから実数を表現するものとして、実数論を組み立てた。この理論は形式的、便宜主義的なる点で、概念的なるデデキンドの理論に比して、見劣りがするけれども、又その便宜な所に特長があるとも言えよう、ともかくも、次にカントルの理論の荒筋を個条書きにして見よう。各条の証明は、本書本文を通読した読者にとって、何等(なんら)の困難もないであろうから、省略してよいであろう。

1. [定義] 有理数列 $\{a_n\}$ に於て、任意に与えられる $\varepsilon > 0$ (ε は有理数)に対して、番号 $n = n(\varepsilon)$ が定まって、

$$p, q \geq n \quad \text{なるとき} \quad |a_p - a_q| < \varepsilon$$

が成立つとき、$\{a_n\}$ を**基本列**という。

[定理1] $\{a_n\}$, $\{b_n\}$ が基本列ならば、$\{a_n + b_n\}$ も、$\{a_n - b_n\}$ も基本列である。それらを $\{a_n\}$, $\{b_n\}$ の和又は差という。

[定義] 基本列が0に収斂するとき、それを**零列**という。

［定理2］　零列の和及び差は零列である。

2.［定義］　基本列 $\{a_n\}$, $\{b_n\}$ の差が零列なるとき(即ち $a_n - b_n \to 0$)、それらを**同値**という。記号：$\{a_n\} \sim \{b_n\}$。

同値は同等関係である。特に $\{a_n\} \sim \{a_n{}'\}$, $\{a_n\} \sim \{a_n{}''\}$ ならば、$\{a_n{}'\} \sim \{a_n{}''\}$、よって互に同値なる基本列を以て、一つの類を組織して、基本列を類別することができる。

［定義］　基本列の各類は一つの実数を**定める**という。一つの類に属する任意の基本列は、その類の定める実数を**表わす**という。

［定理3］　基本列 $\{a_n\}$, $\{b_n\}$ が、それぞれ実数 a, b を表わすとき、$\{a_n + b_n\}$ は一定の実数を表わす。

即ち、$\{a_n\} \sim \{a_n{}'\}$, $\{b_n\} \sim \{b_n{}'\}$ ならば、$\{a_n + b_n\} \sim \{a_n{}' + b_n{}'\}$。

これは $a_n - a_n{}' \to 0$, $b_n - b_n{}' \to 0$ ならば $(a_n + b_n) - (a_n{}' + b_n{}') \to 0$ ということである。（§19参照）

このようにして、a, b から定まる実数 $c = \{a_n + b_n\}$ を、a, b の和とする：$a + b = c$。基本列の差に関しても同様で、$a = \{a_n\}$, $b = \{b_n\}$ とすれば、$a - b = \{a_n - b_n\}$。

上記の定義によれば、和は結合律、交換律に従い、又減法は加法の逆として一意的である。即ち §16 の加法公理 (1)–(4) が成り立つ。

なお、基本列 $\{a_n\}$, $\{b_n\}$ が有理数 a, b に収斂するとき、上記加法の定義は有理数の加法と調和する。即ち、$\{a_n + b_n\}$ は有理数 $a + b$ に収斂する。

基本列 $\{a, a, \cdots\}$ は有理数 a に収斂するから、基本列によって定められる実数の中に、特別なる場合として、有理数が包括されていると見てよい。

いわゆる零列は0を表わし、上記の定義に従って、$a + 0 = a$。

3. さて、次に実数の間の大小の関係を定義せねばならない。

$\{a_n\} \neq 0$ とする。然らば、$a_n \to 0$ でないのだから、或る $\varepsilon > 0$ に対しては、如何ほど先きの番号へ行っても $|a_p| > \varepsilon$ なる a_p があるわけであるが、$\{a_n\}$ が基本列であることから、竟には或る p に関して $|a_p| > \varepsilon$、すべての $q > p$ に関して $|a_p - a_q| < \dfrac{\varepsilon}{2}$ になる。従って竟には恒に $a_q > \dfrac{\varepsilon}{2}$ 或は恒に $-\dfrac{\varepsilon}{2} < a_q < 0$ になる。これによって、零列以外の基本列の符号が定められる。即ち前の場合には $\{a_n\}$ を正、後の場合には $\{a_n\}$ を負とする。

［定理4］ 符号は基本列の類の性質である。即ち同値なる基本列は一定の符号を有する。よって、実数の符号が定まり、すべて、実数 a は、零、正、又は負：

$$a = 0, \quad a > 0, \quad a < 0$$

の中、一つ、しかも唯一つである。

$a>0$, $b>0$ならば$a+b>0$。よって、$a-b>0$によって、$a>b$を定義すれば、§16、加法公理(5)が成立つ。

4. 基本列$\{a_n\}$は、有理数a_nの集合として有界だから、すべてのnに対して$r<a_n<s$なる有理数r, sがある。そこで、基本列$\{a_n\}$, $\{r\}$, $\{s\}$の差を作れば、$r\leq\{a_n\}\leq s$。故に、$\{a_n\}$の表わす実数をaとすれば、aよりも小なる又はaよりも大なる有理数が(無数に)ある。

a, bは実数で、$a<b$とすれば、$1/n<b-a$なる自然数nが存在する。然らば、nを分母とする有理数でa, bの中間にあるものがある。分母をknにすれば、そのような有理数が少くともk個はある。故に、

[定理5] 有理数は実数の中に稠密に分布される。実数の全体は稠密集合である。

5. さて、実数の連続性を験証するために、(A, A')を実数の切断とする。自然数$t>1$を取って、t^nを分母とする有理数で、Aに属するものの中で(そういうものは必ず存在する)、最も大きいものをa_n/t^nとする。

即ち

$$\frac{a_n}{t^n}\in A, \quad \frac{a_n+1}{t^n}\in A'$$

然らば$p>n$なるとき、

$$\frac{a_n}{t^n}=\frac{a_n t^{p-n}}{t^p}\leq\frac{a_p}{t^p}<\frac{a_n+1}{t^n}$$

従って、$p>n$, $q>n$のとき、
$$\left|\frac{a_p}{t^p}-\frac{a_q}{t^q}\right|<\frac{1}{t^n}$$
故に、$\{a_n/t^n\}$は基本列である。それが表わす実数をλとすれば、λが切断(A, A')の分界である。即ち、$\lambda\in A$ならば、λはAの最大数であり、又$\in A'$ならば、λはA'の最小数である。実際、今仮に$\lambda\in A$, $\alpha\in A$, $\lambda<\alpha$とするならば、十分大なるnに関して、$\lambda<c/t^n<\alpha$なる有理数c/t^nがある。然らば、$c/t^n<\alpha$から、$c\leqq a_n$。従って、$\lambda<a_n/t^n$。それは$\lambda=\{a_n/t^n\}$に矛盾する。故に$\lambda\in A$ならば、λはAの最大数である。次に、又$\lambda\in A'$, $\alpha\in A'$で$\alpha<\lambda$とすれば、前のように、$\alpha<c/t^n<\lambda$として、$\alpha<c/t^n$から、$c\geqq a_n+1$、従って$(a_n+1)/t^n<\lambda$。これも$\lambda=\{a_n/t^n\}$に矛盾する。（証終）

　［定理6］　基本列によって定義されたる実数は§17の公理Ⅰ、Ⅱに適合する。即ち、抽象的には、デデキンドの意味の実数と同一である。

　ここに至って、カントルの実数論は、デデキンドの理論に合流する。カントルの基本列はデデキンドの理論に於ける収斂する有理数列に外ならない。§19に於て、我々は実数の乗法を基本列によって導入したのであった。

§23. 巾根について*

巾根、それから尚一般に、任意指数の巾が、初等解析で取扱われるが、基礎論に於て、際限なく、それらを取り上げることはできず、又その必要もない。ただ、伝統上の行がかりで、平方根について少しく述べる。

1. $a > 0$ を任意の実数とするとき、$\sqrt{a}$、即ち $x^2 = a$, $x > 0$ の一意の解が存在する。これを x^2 の単調性（$x < x'$ ならば $x^2 < x'^2$）と連続性とを用いて、§19で除法の可能性を示したのと同様の方法によって、証明しよう。

$x > 0$, $x^2 < a$ なる実数 x の集合を A とする。このような x は実際存在する。例えば $a < 1$ ならば $x = a$、$a \geq 1$ ならば $x < 1$ など。さて、A は上方に有界である。例えば $A < \mathrm{Max}(1, a)$。故に A は上限を有する。それを λ とすれば、$\lambda^2 = a$ で、$\lambda = \sqrt{a}$。それを間接法で証明する。先ず、$\lambda^2 < a$ と仮定する。上限としての λ の意味から、$0 < h < 1$ なる任意の h を取って、
$$\lambda^2 < a < (\lambda + h)^2$$
即ち
$$a - \lambda^2 < 2\lambda h + h^2 < 2\lambda h + h$$
従って
$$0 < \frac{a - \lambda^2}{2\lambda + 1} < h \qquad (1)$$
h は区間 $(0, 1)$ から任意に取られるのだから、これ不合理

---

* 巾は冪（べき）の略記。

である。

次に $\lambda^2 > a$ と仮定する。今度も λ の意味から、$0 < h < \lambda$ なる任意の h に関して
$$(\lambda - h)^2 < a < \lambda^2$$
即ち
$$0 < \lambda^2 - a < 2\lambda h - h^2$$
従って
$$0 < \frac{\lambda^2 - a}{2\lambda} < h \qquad (2)$$

前と同様に、これも不合理である。

$\lambda^2 < a$ でもなく、$\lambda^2 > a$ でもないから、$\lambda^2 = a$。（証終）

2. 有理数の平方なる有理数は、既約の形に於て、分母にも分子にも、すべての素因子を偶指数の巾として含む。故に平方数でない整数、2，3等の平方根は無理数である。

ギリシャ人は、幾何学から、正方形の一辺と対角線とが、互に通約できないことを知ったが、ユークリッドの比例論は、無理数の概念の論理的構成にまでは発展しなかった。中世から十九世紀の中頃までは、ひたすら直観に頼って、甚だ非科学的に、実数を取扱っていたが、現今の数学に於ける無理数論は、十九世紀の70年代に至って、デデキンド、カントル、ワイヤストラス等によって完成したのである。それはそれとして、§14に述べてもよかったことながら、あそこでは、それが絶対的に必要というのではなかったから、書き漏らしておいた事を、ここで補ってお

こう。それは、有理数の集合に、いわゆる隙が存在すること、——$\sqrt{2}$などによって補わるべき隙があることの証明である。上記の説明に於て、aを正なる有理数で、それは有理数の平方に等しくないとする。然らば、$x^2 < a$及び$x^2 > a$なる(正の)有理数を下組上組として、正の有理数の切断が生ずる。そのとき下組に最大数がなく、上組に最小数がない。実際、仮にλを下組の最大数とすれば、hを有理数として、(1)から矛盾が生じ、又λを上組の最小数とすれば、(2)から矛盾が生ずる。

無理数が実際存在することは、循環しない十進分数、又は実数の全体が可附番でないことによって、巾根よりも広い意味で示されるのであった(§20)。

§24. 加法公理の幾何学的の意味

§16で述べた加法公理は、一次元空間(直線)の合同公理を抽象化したものである。今、ここで、幾何学に於ける合同公理から、加法公理を導く筋道を説明するために、直線上の点が順序集合Rを成すことを仮定して、次の公理系を立てる[*]。

［定義］ Rの二点(二つの元素)a, bは、一つの線分abを定めるという。但し、ここでは、線分の方向をも考えに入れるのである。即ちabとbaとは同一の線分でないとする。

---

[*] Hilbert, Grundlagen der Geometrie, §5参照。

［合同公理］　線分ab, $a'b'$の間に、次の条件に適する関係が成立つ。それを**合同**という。記号：$ab \equiv a'b'$。

(1°)　合同は同等関係である。即ち

(1°.1)　$ab \equiv ab$,

(1°.2)　$ab \equiv a'b'$　ならば、$a'b' \equiv ab$,

(1°.3)　$ab \equiv a'b'$, $a'b' \equiv a''b''$　ならば、$ab \equiv a''b''$。

［定義］　これによって線分を類別することができる。即ち、同じ類に属する線分は互に合同で、異なる類に属する線分は合同でない。線分の一つの類は一つのベクトル$\mathfrak{a}$を**定める**といい、$\mathfrak{a}$はこの類に属する任意の線分によって**表わされる**という。

(2°)　Rの任意の点xを定めるとき、与えられたる線分abと合同なる線分xyが一意的に定められる：$xy \equiv ab$。

これによって、Rの一点oを定めるとき、各ベクトル$\mathfrak{a}$とRの点aとの間に一対一の対応が成立って、ベクトル$\mathfrak{a}$は線分oaによって表わされる。

(3°)　$ab \equiv a'b'$　ならば　$aa' \equiv bb'$。

合同の関係は直線上の運動（点の移動）によって重ね合わせ得ることに基づくのであるが、公理(3°)は、$ab \equiv a'b'$なるときは、aをa'に移す運動によって、bがb'に移されることをいうのである。

(4°)　$ab \equiv a'b'$ならば、$a<b$又は$a>b$に従って、$a'<b'$又は$a'>b'$。即ち、合同なる線分は同じ方向を有するのである。

公理(1°)-(4°)から次の定理を得る。

[定理1]　$ab \equiv a'b'$, $bc \equiv b'c'$　ならば、$ac \equiv a'c'$。

[証]　仮定によって、
$$ab \equiv a'b'$$
故に、公理(3°)によって、
$$aa' \equiv bb' \qquad (1)$$
又、仮定によって、
$$bc \equiv b'c'$$
故に、公理(3°)によって、
$$bb' \equiv cc' \qquad (2)$$
(1)と(2)とから、公理(1°.3)によって、
$$aa' \equiv cc'$$
故に、公理(3°)によって、
$$ac \equiv a'c' \qquad \text{(証終)}$$

[定義]　上記の場合、acをab, bcの和という。記号：$ab+bc \equiv ac$。

𝖆, 𝖇を二つのベクトルとするとき、公理(2°)によって、それらを表わす線分ab, bcを取れば、その和acの表わすベクトル𝖈は、定理1によって、一定である。即ち、𝖆, 𝖇を表わす線分の選<ruby>み方<rt>えら</rt></ruby>に関係しない。よって、𝖈をベクトル𝖆, 𝖇の和という。記号：$𝖆 + 𝖇 = 𝖈$。

[定理2]　$ab \equiv a'b'$, $ac \equiv a'c'$　ならば、$bc \equiv b'c'$。

[証]　仮定によって、
$$ab \equiv a'b'$$
故に、公理(3°)によって、
$$aa' \equiv bb' \tag{3}$$
又、仮定によって、
$$ac \equiv a'c'$$
故に、公理(3°)によって、
$$aa' \equiv cc' \tag{4}$$
(3)と(4)とから、公理(1°.2), (1°.3)によって、
$$bb' \equiv cc'$$
故に、公理(3°)によって、
$$bc \equiv b'c' \qquad (証終)$$

換言すれば、ベクトル$\mathfrak{a}$, $\mathfrak{c}$が与えられたとき、$\mathfrak{a} + \mathfrak{b} = \mathfrak{c}$なるベクトル$\mathfrak{b}$が一意的に定まるのである。記号：$\mathfrak{c} - \mathfrak{a} = \mathfrak{b}$。

[注意]　公理(1°.1)と(3°)とから、$aa \equiv bb$。このような線分の定めるベクトルを$\mathfrak{o}$で表わす。それは加法単位(零)である：$\mathfrak{a} + \mathfrak{o} = \mathfrak{a}$。

又公理(1°.2)と(3°)とから、$aa' \equiv bb'$ならば、$a'a \equiv b'b$。

さて$aa' + a'a = aa$だから、aa'の表わすベクトルを$\mathfrak{a}$とすれば、$a'a$は$\mathfrak{o} - \mathfrak{a}$を表わす。例の通り、それを$-\mathfrak{a}$と略記する。

[定理3]　$(\mathfrak{a} + \mathfrak{b}) + \mathfrak{c} = \mathfrak{a} + (\mathfrak{b} + \mathfrak{c})$

[証]　$\mathfrak{a} = ab$, $\mathfrak{b} = bc$, $\mathfrak{c} = cd$ とすれば*、

$$(\mathfrak{a} + \mathfrak{b}) + \mathfrak{c} = (ab + bc) + cd \equiv ac + cd \equiv ad$$

$$\mathfrak{a} + (\mathfrak{b} + \mathfrak{c}) = ab + (bc + cd) \equiv ab + bd \equiv ad$$

[定理4]　$\mathfrak{a} + \mathfrak{b} = \mathfrak{b} + \mathfrak{a}$

[証]　$\mathfrak{a} = ab$, $\mathfrak{b} = bc$ とすれば、

$$\mathfrak{a} + \mathfrak{b} = ac \tag{5}$$

公理($2°$)によって、$\mathfrak{a} = cd$ とすれば、

$$\mathfrak{b} + \mathfrak{a} = bc + cd \equiv bd \tag{6}$$

仮定によって、$ab \equiv cd$。故に公理($3°$)によって、

$$ac \equiv bd$$

(5)と(6)とから、

$$\mathfrak{a} + \mathfrak{b} = \mathfrak{b} + \mathfrak{a} \qquad (証終)$$

[定義]　R に於ける順序に於て $b < c$ ならば、$ab < ac$ として、線分の間の順序を定める。

これもベクトルの間の関係である。即ち $\mathfrak{a} = ab \equiv a'b'$, $\mathfrak{b} = ac \equiv a'c'$ とすれば、定理2によって、$bc \equiv b'c'$ だから、公理($4°$)によって、$b < c$ から $b' < c'$ を得る。従って $a'b' < a'c'$。故に、この関係を $\mathfrak{a} < \mathfrak{b}$ と書くことができる。ここでも、順序の移動律が成立つ。即ち $\mathfrak{a} < \mathfrak{b}$, $\mathfrak{b} < \mathfrak{c}$ ならば、$\mathfrak{a} < \mathfrak{c}$。実際 $\mathfrak{a} = oa$, $\mathfrak{b} = ob$, $\mathfrak{c} = oc$ とすれば、$\mathfrak{a} < \mathfrak{b}$, $\mathfrak{b} < \mathfrak{c}$ から、$a < b$, $b < c$、従って $a < c$、即ち $\mathfrak{a} < \mathfrak{c}$。

---

*　ここで、=は左辺のベクトルが、右辺の線分で表わされることの略記である。本来は=でなく、～などを用うべきである。

［定理5］　$\mathfrak{b}<\mathfrak{c}$ならば、
$$\mathfrak{a}+\mathfrak{b}<\mathfrak{a}+\mathfrak{c}$$
［証］　$\mathfrak{a}=oa$, $\mathfrak{b}=ab$, $\mathfrak{c}=ac$とすれば、$\mathfrak{b}<\mathfrak{c}$から，$b<c$。

又$\mathfrak{a}+\mathfrak{b}=oa+ab=ob$, $\mathfrak{a}+\mathfrak{c}=oa+ac=oc$。

故に$ob<oc$即ち$\mathfrak{a}+\mathfrak{b}<\mathfrak{a}+\mathfrak{c}$。

Rの中に一つの点oを定めて、ベクトル$\mathfrak{a}$を表わす線分oaを取れば、ベクトル$\mathfrak{a}$と点aとの間に、一対一の対応が生ずる。よって、$\mathfrak{a}+\mathfrak{b}$に対応する点を$a+b$として、$R$の元素の加法を定義することができる。この定義に従って、上記の定理1–5を言い表わしたのが、即ち§16の加法公理である。

§25. 連続公理と加法公理との交渉

§16では、加法公理だけを切り離して、連続公理と無関係に設定するために、(1)–(5)の五項目を挙げたのであったが、実数の概念を説明するために、§17のように、連続公理との関連に於て、加法公理を考察する場合には、両者交渉の結果として、加法公理の五項目の中、交換律を仮定する必要が消滅する。即ち交換律は残余の公理から論理的に導き出されるのである。問題は微細だけれども、基礎論に於ては重大性を有するから、ここでその解説を試みる。

交換律を仮定しないとすれば、加法公理(4)、(5)に於

て、$a + x$ と $x + a$ とを区別する必要が生ずる。先ず(4)即ち減法の可能性に関しては

$$a + x = b \quad 及び \quad y + a = b \qquad (1)$$

が各解を有するとせねばならない。ここで a, b は任意の元だから、これは、ずいぶん広大なる仮定といわねばならない。今、この機会に於て、この仮定を緊縮して、次のような特別な場合のみに限定し得ることを示そう。

改定された加法公理は次の通り。

(1°) 加法の一意性。$a + b = c$。

(2°) 結合律。$(a + b) + c = a + (b + c)$。

(4*, 1) 一つの元 0 があって、すべての元 a に関して、$a + 0 = a$。

(4*, 2) 各元 a に対して、$a + a' = 0$ なる元 a' がある。

(5*) $a < b$ ならば、すべての元 x に関して

$$a + x < b + x, \quad x + a < x + b$$

(1°), (2°), (4*, 1), (4*, 2) は、要約すれば、実数の体系 R は加法を結合法として、いわゆる群をなすことである。これらの四つの公理から、(1)の二つの方程式が各一意の解を有することが、次のように証明される。

先ず、(4*, 2) によって、

$$a + a' = 0$$

両辺に左から a' を加え、(1°), (2°), (4*, 1) によって、

$$(a' + a) + a' = a' + (a + a') = a' + 0 = a'$$

(4*, 2) によって、$a' + a'' = 0$ として、結合律を用いて、

$$(a'+a)+(a'+a'') = a'+a''$$

即ち

$$(a'+a)+0 = 0, \quad a'+(a+0) = 0$$

故に、$(4^*, 1)$によって、

$$a'+a = 0 \tag{2}$$

即ち、aとa'との間には、交換律が成り立つ。

さて、

$$0+a = (a+a')+a$$
$$= a+(a'+a)$$

(2)によって、$a'+a = 0$だから、

$$0+a = a+0 = a$$

即ち、任意のaと0との間にも、交換律が成立つ。

さて、又$a+x = b$とすれば、$a'+a+x = a'+b$。即ち $0+x = a'+b$, $x = a'+b$であるが、実際$a+(a'+b) = (a+a')+b = 0+b = b$だから、$a+x = b$の一意の解として、$x = a+b'$を得る。同じように、$y+a = b$の一意の解として、$y = b+a'$を得る。特に、$(4^*, 1)$, $(4^*, 2)$に於ける0及びa'も一意的である。a'を$-a$と記せば、$-(-a) = a$である。但し、$a'+b$と$b+a'$と(即ち$-a+b$と$b-a$と)は、必ずしも相等しくはない。

以上、群論に関する挿記であったが、ここで公理(5^*)を考察に入れる。交換律が一般的に仮定されなくても、一つの元eのみの加法に関しては、結合律によって、eの整数倍neが確定し、それらの間に交換律が成立つ:

$$me + ne = ne + me = (m+n)e$$

これは畢 竟(ひっきょう)いくつかのe，$-e$の結合である。

交換律なしに、アルキメデスの原則が、§17（定理3.6）と全く同様に証明される。実際、$a > 0$とするとき、若しもaの整数倍naが有界であるとするならば、連続の公理によって、それの上限が存在するはずである。その上限をlとして、(1)によって、$m + a = l$とし、$m < m' < l$とすれば、lが上限であることから、$m' < na < l$なる整数nがなければならない。然らば$(n+1)a = na + a > m' + a > l$で、それは矛盾である。故に$a$の整数倍は有界でなく、従って任意の$b$に対して、$na > b$なる整数$n$が存在する。それが即ちアルキメデスの原則である。

さて、アルキメデスの原則が成り立つならば、それによって（連続性を用いないで）、加法の交換律が次のようにして証明される*。これは、§21.4との関連に於て興味ある問題といわねばなるまい。

先ず、$x + y \neq y + x$と仮定して、$x + y > y + x$とすれば、

$$n(x+y) = x + y + x + y + \cdots + x + y$$

の右辺で、xをその直前のyと交換する毎に、和は大きくなり、又反対にxをその直後のyと交換する毎に、和は小さくなるから、これを繰り返して

---

* 岩沢健吉君の好意による。参照：H. Cartan, Un théorème sur les groupe ordonnés, *Bull. Sci. Math.*, 63(1939).

$$ny + nx < n(x+y) < nx + ny$$

を得る。若しも $x+y < y+x$ とするならば、不等記号の向きが反対になる。いずれにしても、$x+y \neq y+x$ ならば

$$n(x+y) < nx + ny \quad \text{又は} \quad < ny + nx \quad (*)$$

次の証明で、これを引用する。

I. さて $a > 0,\ b > 0$ のとき、$a+b > b+a$ と仮定する。然らば、両辺に右から $-a$ を加えて、加法の単調性により

$$a + b - a > b$$

簡明のために

$$b_1 = a + b - a \tag{1}$$

と書いて ($b_1 > b > 0$)、

$$b_1 = b + d, \quad d > 0$$

と置く。アルキメデスの原則によって

$$nd > a \tag{2}$$

なる自然数 n がある。(*)によって

$$nb_1 = n(b+d) > nb + nd \quad \text{又は} \quad > nd + nb$$

だから、(2)によって

$$nb_1 > nb + a \quad \text{又は} \quad > a + nb \tag{3}$$

再びアルキメデスによって

$$(m+1)a > nb \geq ma, \quad m \geq 0 \tag{4}$$

なる整数 m がある。よって、(3)から

$$nb_1 > ma + a \quad \text{又は} \quad > a + ma$$

即ち
$$nb_1 > (m+1)a \qquad (5)$$

一方(4)から

$$(m+1)a = a + (m+1)a - a$$
$$> a + nb - a$$
$$= (a+b-a) + (a+b-a) + \cdots + (a+b-a)$$
$$= n(a+b-a) = nb_1$$

これは(5)に矛盾する。故に仮定$a+b>b+a$は不合理である。$a+b<b+a$としても同様だから、$a>0,\ b>0$のとき$a+b=b+a$。

Ⅱ. $a<0,\ b>0$のとき、$-a>0$だから、Ⅰによって
$$-a+b = b-a$$
両辺に左からa、右からaを加えて
$$a-a+b+a = a+b-a+a$$
即ち
$$b+a = a+b$$

Ⅲ. $a<0,\ b<0$のとき、$-a>0$だから、Ⅱによって
$$-a+b = b-a$$
これからⅡと同様にして$a+b=b+a$を得る。

$a,\ b$の中に0があるとき、問題はないから、交換律は一般に成り立つのである。

補 遺

§3、定理1.13の証明に於て、aがMの最大下界なることの上に、$a \in M$が示されねばならなかった。これは明白であろうけれども、次にそれを説明する。

aはMの最大下界であったから、a^+は下界でない。即ち$m < a^+$, $m \in M$なるmがある。さてaがMの下界であるから$a \leq m$。即ち$a \leq m < a^+$。故に$a = m$、従って$a \in M$。故にaがMの最小数である。（証終）

ここで、次の基本的定理が用いられた。

［定理］ a^+はaの直後の数である、即ち$a < m < a^+$なるmは存在しない。換言すれば、$m > a$ならば、$m \geq a^+$。

［証］ 仮定によって$a < m$。故に$K(a) > K(m)$, $m \in K(a) = a \vee K(a^+)$（定理1.5）。仮定によって$a \neq m$。故に$m \in K(a^+)$、従って$K(m) \subset K(a^+)$。即ち$K(m) = K(a^+)$又は$K(m) < K(a^+)$。故に$m = a^+$又は$m > a^+$。即ち$m \geq a^+$。（証終）

解説

秋山 仁

1. 日本の近代数学の祖を知っているか？

本書の著者・髙木貞治博士(1875-1960)は、日本の近代数学の祖にして、数学研究の最前線で国際的に活躍した日本の数学者のパイオニアである。これまで、髙木先生から直接指導を受けた直弟子、孫弟子、さらにひ孫弟子、……と、錚々(そうそう)たる数学や数学史の研究者たちが、髙木先生の輝かしい数学的業績や人物像について多くのことを語ってきている。だから、この『数の概念』の解説の原稿を依頼された時、「髙木先生について新たに書くべきことが残っているだろうか？」と随分(ずいぶん)自問した。すると、髙木先生は数学の世界ではつとに有名だが、日本の世間一般を見渡すと、その輝かしい業績や人柄の魅力がそれほど知られているとはいえないように思えた。

たとえば、髙木先生の生まれた1875年(明治8年)前後に生を受けた日本の科学者には、次のような方々がいる。

- 北里柴三郎(1853-1931)：細菌学者。ドイツ・コッホ博士のもとで学び、ペスト菌を発見。破傷風の治療法の確立など、感染症医学の発展に貢献。

- 長岡半太郎(1865-1950)：物理学者。ラザフォード(1911)の先駆けとなる"土星型原子模型"の提唱(1903)等、学問の業績を残す。多くの物理学者を育成。大阪帝国大学初代総長などを務めた。

- 本多光太郎(1870-1954)：物理学者・金属工学者。磁気を研究し、KS鋼を発明。東北帝国大学第6代総長、東京理科大学初代学長を務めた。

- 鈴木梅太郎(1874-1943)：農芸化学者。米糠から脚気

を予防する新しい栄養素(オリザニン)を発見。後に、これが世界初のビタミン発見だったことが判明。
・野口英世(1876-1928)：医学者・細菌学者。
・寺田寅彦(1878-1935)：物理学者・文学者。
・八木秀次(1886-1976)：電気通信工学者。八木・宇田アンテナを発明。

彼らはお札の顔になったり、テレビの人物伝や科学番組等で取り上げられることも多い。また、海外の科学者で上述の科学者たちと年齢が近い人物には、あのアルベルト・アインシュタイン(1879-1955)がいる。

こうして見ると、髙木貞治先生の国際的な業績も、日本の高等教育における数学教育に対する多大な貢献も、また髙木先生が残した数々の洒脱で味わい深いエッセイや言葉から窺える知的文化人としての魅力も、ここに挙げた他の科学者たちに比肩するにもかかわらず、一般にはあまり広く知られていないように思え、残念でならない気持ちになった。そこで、本稿では主に、髙木先生がどういう人物であったのかを記すことによって、髙木先生の魅力について、できるだけ、広く多くの人に向けて伝えたいと思う。

2. 髙木貞治先生の幼少期

髙木先生は1875年4月21日、現在の岐阜県本巣市数屋(旧一色村、本巣郡糸貫町数屋)に生まれた。因みに、髙木先生の故郷である本巣市は、郷土の偉人髙木貞治先生を誇りとしていて、先生を称える記念室があり(後述)、数学の文化を通した町づくりを行っている。また、先生に関す

る『髙木貞治先生』(髙木貞治博士顕彰会発行)、『髙木貞治物語』(糸貫町教育委員会発行)という2冊の小冊子を刊行していて、幼少期に関する本記述は主にこれらの冊子に拠ることを予めお断りしておく。

髙木少年の幼少期はまさに"栴檀は双葉より芳し"を絵に描いたようなものであった。幼い頃からズバ抜けて物覚えが早くかつ正確で、4～5歳の頃、自宅の炬燵の木の枠の上に座って、お寺で聞いてきた説経等をそっくりそのまま暗唱、再現してみせ、大人たちを驚かせたという。幼児の頃から「収入役の坊や(髙木少年のこと)はとても利口な子だ」と村の人々に噂されていた。父も母も、暇さえあれば、絵草子を見せたり、昔話を聞かせたり、習字を練習させていた。4歳の頃、髙木家の西隣に住む、医者にして、漢学、書道、南画、茶華道等に秀でた文化人・野川湘東に教えを受けるようになった。髙木貞治博士記念室に、5歳の時の墨書(写真1)が残されているが、潑剌堂々とした"高楼満意秋光冨"の七文字は、それだけでも"ただならぬ5歳児"だったことを十分に物語っている。

写真1

1882年、7歳の時に一色学校(現・一色小学校)に入学したが、当時の学

解 説

制では初等科・中等科を6年かけて卒業となるところを、髙木少年は1年生から3年生へ、3年生から5年生へと飛び級し、小学校を3年間で修了してしまう。更に、現在の中学課程に当たる一色小学校上等科も、通常2年間通うべきところを髙木少年は1年で卒業した。この異例のスピード進級の様子を、1886年1月7日付の「岐阜日日新聞」が次のように報じているのは興味深い。

「今年漸く十年(歳)一ヵ月となり、まだ乳のにおいの離れない少年……学業勇進し、小学校正課の外に英学を研究し、後世頼もしき少年なり」

当時の一色村が、県の中心である岐阜市への行き来が特別な人以外は滅多になかった寒村だったにもかかわらず、髙木少年の神童ぶりは県中央に届くほど目覚ましいものだったということなのだろう。

当時、小学校で髙木少年を教えた人物の甥に当たる人が、伯父さんから次のように聞いたと証言している。

「とにかく貞治さんは神童だったそうだ。時々ポカンとした顔付きで、天井ばかりを見ているので、注意のつもりで、『今、どんな話をしたか言ってみよ』と言うと、要点を外さず立派に答えたので、却って先生である伯父の方が降参したそうな」

下校時になると、髙木少年は必ず役場の父のデスクの近くにあった空席の机に向かい、誰に命ぜられるわけでもなく、父の勤務時間終了までコツコツと一人で勉学し、父と一緒に帰宅するのが常だったそうだ。髙木少年にとって学ぶことが楽しい遊びであり、数学に限らずいろいろなこと

を学ぶのが好きだった。

　髙木少年が10歳4ヵ月(一色学校上等科2年)の時に書いた作文が残されている(現在は、記念室に展示されている)。タイトルは"蟻説"。墨で書かれた文字は、超達筆！大体次のような内容である。
「蟻は小さく、女王の配下として数千匹で集団生活を送る生き物だが、自分の体重の20倍もの荷物(食料)を、互いに争わず、かつ怠けることもなく運ぶ。夏の炎天下の時でも変わることなく勤勉で、冬になって巣穴に閉じこもっても数ヵ月間食べるものに困ることはない。それに比べて蝶や蜂は、冬になって飢え死にするに至って初めて怠惰だったことを後悔する。こういったことは昆虫社会に限らず、人間社会でもあることだ。蟻の働く姿を見たら、人間も恥じるべきである」

　話の展開の仕方が簡潔にして明快。この特徴は、後々の髙木先生の書かれた文章にも共通している。

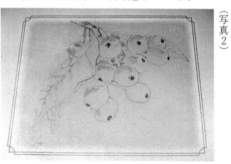

(写真2)

　一色学校時代に鉛筆で描いた素描画も残っている。蛙、魚、枝に実る枇杷の実(写真2)、西洋婦人、煮炊きする女

解説

性の後ろ姿(母君の姿だろうか?)、巻き紙を持つ手、傘を手にして立つ浪士……どれも凄い腕前だ。絵の上に、赤い字で100点、98点、95点等と高得点が記されている。通常8年かけて修了する義務教育の課程を、髙木少年はたったの4年で、しかも"全甲(今でいうオール5)"の成績で10歳にして卒業した。さて、次は上級学校に進学ということになるが、当時は、5年制の中学に次いで2年制の高等中学へという中学校制度もようやく定まりかけた時代で、岐阜県には唯一、岐阜尋常中学校(現・岐阜高校)があるだけだった。家からこの中学までは長良川を挟んで片道12キロもあり、4月に11歳になったばかりの髙木少年が自宅から毎日通学するのは不可能だった。したがって、髙木少年は、弱冠11歳にして親元を離れて一人下宿生活をすることになった。中学には、16歳か17歳で入学してくる生徒がほとんどなので、彼らからしたら11歳で体格も小さかった同級生が幼く見えたことは想像に難くない。岐阜中学の1年上級で、後に岐阜県知事を3期務めた武藤嘉門(かもん)は、「(当時、岐阜尋常中学校と岐阜師範学校の生徒が中心となり、近隣の小学校約10校の4年生以上の男子1000人が集まって、現在の長良川競技場で盛大な運動会が毎年開かれていた。そのなかで、2人1組になって、1人が先に走り、その後、走り終わった生徒をペアを組んだもう1人が背負って走る競争があったのだが)5つ6つ年下の(まだ小さかった)髙木君を片手で背負って走ったもんです」と思い出を語っている。髙木少年は最年少で体も小さかったが、臆することなく、熱心に勉学に励み、自分の才能を伸ばして

145

いった。

　後年、中学時代の授業の思い出を綴った髙木先生自身による文章があるので、一部引用しよう。
「あの頃、日本語の教科書というものはほとんどなかったのであろう。吾々の使ったのは、全部がいわゆる『原書』であった。まず英語科はもちろんだけれども、それは日本人の編纂したものでなく、米国の原書『リードル』（reader）であった。（略）一体に英語科は特に硬教育で、訳読の下読みをしていかないものならば、えらく叱られる。あまりたび重なれば、教員室へ呼び出されて、油をしぼられたものであった。（略）先生も専門の英語学者というわけではなく、例えば札幌農学校の農学士、虎の門の工部大学の工学士といった連中で、英語さえわかればよいというのであった。（略）

　ほかの学科では、バーレーの万国史、スウィントンの万国史、それからロスコーの無機化学、スチュワートの物理などを記憶している。これらはいずれも本国で相当有名な本であった。このような本をすっかり読むのは、特に初級生には無理であったから、先生が大意を講義して、吾々はそれを筆記する。（略）数学では、トードハンターの小代数、（英国）ウィルソンの（立体）幾何学を使った。これも代数の説明などは2年生にはとても読めないから、先生が説明して、本では問題だけを見るというようなことであった。

　それでも、吾々が卒業する頃には、日本語の教科書が、ぽつぽつ出るようになった。（略）数学では菊池大麓さんの

解 説

幾何学、寺尾 寿(ひさし)さんの算術(後述するが、菊池、寺尾両氏は、後に、髙木貞治先生の帝大の恩師・同僚となる)、これはたしか『中等教育算術教科書』というフランス式の初等整数論といった理論的な本で、吾々より後の1年生など、だいぶ困らされたものらしい。

今思ってみると、吾々の受けた中等教育は——そう言っては、忘恩かも知れないが——実際ずいぶん乱暴なものであった。」(初出「中学時代のこと」『学図』1巻3号〈1952〉学校図書、『数学の自由性』ちくま学芸文庫・筑摩書房収録)

当時の髙木先生のノートが記念室に展示されているが、和文であれ、筆記体の英文であれ、ノートの表題から本文に至るまで、達筆で整然としており、かつ図も正確、そのまま本として売り出せそうな代物だ。他にも、14歳9ヵ月(岐阜尋常中4年)の時に書いた"帝国憲法発布直後の新年における年頭所感の和文及び英文の書"(写真3)が残されている。国の情勢等を綴った後、「嗚呼(ああ)今年は多忙の年たらん、而(しか)も亦(また)幸福の年たらん」と締めくくられており、希望に溢(あふ)れる知性豊かな少年の伸びやかな精神が感じられる書である。

(写真3)

在学中、同級生だけでなく、上級生までもが、「おい、髙木、この問題を解(と)いてくれ」と手こずっている数学の問題を持っていくと、髙木少年はスラスラと解いてくれたという。インドの伝説的な数学者ラマヌジャン（1887 - 1920）も同様のエピソードが伝えられている。こういったエピソードは単に数学的能力が高いというだけでなく、そのことを得々とせず、みんなと気さくに付き合おうとする鷹揚な人柄であったことを物語っていよう。

　"髙木の脳みそは特別製なのか"と噂され、ある時、これを耳にした数学の手島先生が、思いきり難しい問題を髙木少年に出したそうだ。彼は難なくこれを解いて、先生をアッと言わせた。それ以降、髙木少年は、時々、数学の先生の助手に使われて、かわいらしい姿を教壇に見せることになったという。

　1891年3月、15歳11ヵ月の時に、首席で岐阜尋常中学校を卒業した。代数100点、漢文97点、英語93点……体育77点、化学70点、平均して86点という高成績だった。

3. 愛読書『Self-Help』

　岐阜尋常中学校の3年生を修了する時、成績優秀の褒賞として、英国人のサミュエル・スマイルズによって書かれた原書『Self-Help』が授与されたそうだ。この本は、江戸幕府が英国に留学生の監督として1866年に送り出した下級御家人の中村正直(まさなお)が、帰国後に翻訳し、1871年に『西国立志編・自助論』として刊行されている。この翻訳本は、たちまち評判になり、増刷され、激動の明治時代を

解　説

生きる若者たちに大きな影響を与えたと言われている。髙木少年も、この本を何度も読み、また長く東京帝国大学の教壇に立たれていた間、度々(たびたび)学生たちにこの本の話をされたというほど、先生の青春時代、いや生涯の愛読書の一冊であったと思われる。どのような内容の本だったのか、この本について、日本の近代医学・生理学に貢献した永井潜(ひそむ)による現代語訳を、作家の星新一が著書で要約引用しているので、その一部を紹介しよう。

「自助の精神こそ、個人の発達の根本であり、その結果が国家の活力の源泉となるのである。外部からの助けは、人を弱くさせる。

　政治は国民の個性の反映である。人びとの水準が高まらない限り、国はよくならない。政府や指導者にたよってはならない。自立する精神が最も大切である。

　歴史上、人類の進歩につくした人物は、数多くいる。しかし、それは特別な人たちではないのである。貴族や金持ちがそれをなしとげたのではない。人間は平等である。むしろ低い身分、貧しい家からすぐれた人材の出ることが多い。

　シェークスピアは貧しい家に生れたが、小学校の助教、代書の手伝いなどをしながら、劇作家になり、人びとの品性の向上に貢献した。

　はじめて地動説をとなえた天文学者コペルニクスは、パン屋のむすこである。地動説を発展させ、惑星の運動法則を発見したケプラーは、居酒屋の子である。それに触発されて万有引力の学説を完成させたニュートンは、貧しい農

149

民の子である。

　科学と労働とは、こんご世界の主人となるだろう。

　階級の低い人たちの発明によって、英国の富の大部分が築かれた。それを除外したら、あとにはほとんど残らない。」

　以下は星のコメントである。

「(『自助論』は)科学や産業だけでなく、宗教、政治、芸術、探検など、さまざまな分野の人をとりあげている。貧しい家にうまれながらも、勤勉、忍耐、努力、くふう、注意、不屈の心などによって、困難を克服し、成功をかちえた人たちの物語を紹介している。そして、格言や名言を引用し、個人の向上も国の発展も、もとはそこにあるのだと主張している。わかりやすく具体的で、人間味あふれるエピソードのため、親しみやすい読み物となっている。(略)血のかよった内容が読む者を引きつける。それだけに説得力があり、文明は魔法でなく、人間の努力によって合理的に築きあげられたものであることを教えてくれる。

　新鮮であり、夢とロマンがあり、血をわきたたせるものがある。大きく宣伝したわけでもなかったが、この本のことは口から口へと伝えられ、人びとに読まれた。そして、日本の多くの若者の心をとらえた。」(『明治・父・アメリカ』星新一著、新潮文庫・新潮社)

　スマイルズの『自助論』は、明治の若者たちの気概を伝えてくれる象徴的な書であり、この本を愛読書としていた髙木少年の人生観も何となく推察できるような気がする。

解　説

4. 第三中学から帝国大学へ

1891年3月に尋常中学校を卒業した髙木少年は、同年の9月、16歳で第三高等中学校(後の旧制第三高等学校、現・京都大学)に入学した。8月末の暑い日に、大きな荷物を父と母に背負ってもらって岐阜駅から京都へ旅立ったそうだ。

三高入学早々、郷土に大きな被害を及ぼす震災が起こった。10月28日午前6時37分に岐阜市や大垣市一帯を襲った濃尾地震である。多数の死傷者や倒壊した家屋の軒数が報じられると、髙木少年は京都を発ち、米原(まいばら)から先は汽車が不通なので、歩き続けて数屋へ帰ったという。実家は、離れが倒壊したが母屋は無事で、家族にも死傷者がなかった。心配する髙木少年に、父は、「家のことは心配せずに京都に戻って、学問に励みなさい」と言って、髙木少年を送り出したそうだ。野口英世の母と同じように、子供が自分の人生をシッカリ歩んで幸せになってくれることを一途に願う"親の大きな愛"が感じられるエピソードだ。

三高では、東京帝大を卒業しドイツで学んだ数学者・河合十太郎教授(1865 – 1945)の教えを受けた。同期には後に髙木先生と帝大の同期生、そして同僚となる吉江琢児、1学年上に林鶴一(つるいち)がおり、また、多変数複素解析函数論の分野で世界的に高く評価される岡潔(1901-1978)も河合門下の後輩に当たる。この時代に、髙木青年は数学の道に進むことを決めたらしい。前述の記念室には三高時代の講義ノートが展示されていて、トードハンター等による原著『Trigonometry』(三角法)をテキストとして使用した2年

151

生時の河合教授の講義でとったノートもある。それは徹頭徹尾、英文で綴られている。この時代について、61歳頃の講演で、「自分の経験でも年を取りますと、昔の事を追懐致しまして、やはり青年時代が一番楽しかった、その青年時代というのは即ち(すなわ)高等学校時代、もっとも私の時代には高等中学と申しましたが、その時代がやはり一番思い出が多いように感じます。それは子供と大人との間の繋がりの時代、だから一層思い出が多い訳だろうと思います。」(「訓練上数学の価値 附 数学的論理学」、前出『数学の自由性』収録)と語っている。

1894年(19歳)、帝国大学理科大学(現東京大学)数学科に入学。1897年(22歳)、東京帝国大学理科大学卒業と同時に、同大学院入学。入学時と卒業時で帝国大学の前に東京が付くか否かの違いがあるのは、この期間に、京都帝国大学(現・京都大学)が創設されたからである。帝大の同期には、上述の吉江の他に、本多光太郎もいる。髙木先生は本多ともかなり親しかったそうだ。この頃の思い出を髙木先生はこう綴っている。

「明治30年(1897年)に卒業した僕らが教わったのは、20年(1887年)卒業の長岡さん、15年(1882年)卒業の藤澤さん、田中舘さん、10年(1877年)卒業の寺尾さん等で、菊池さん、山川さんは英米大学の出身だが時代はやはりそのころだったろう。も一つ上の大先輩の加藤弘之先生などになると、これは明治以前の蘭学畑の人であった」(初出「明治の先生がた」『東京大学80年 赤門教授らくがき帖』)〈1955〉鱒書房、前出『数学の自由性』収録)

解　説

　ここに出てくる長岡さんから山川さんという、6人の先生方がどのような人物であるかを知ることは、髙木貞治先生の帝大学生時代、教授時代の交流仲間がどのような人物かを知ることになり、間接的ながら、髙木先生の帝大における日常生活を知ることができると思われる。そこで、この6人の人物像を紹介しよう。

5. 帝大での恩師たち

　寺尾寿(1855-1923)：天文学者。1878年12月24日、東京大学仏語物理学科(招聘したフランス人講師からフランス語で物理学を学ぶ学科)を卒業。1879～1882年、パリ大学、パリ天文台に官費留学。1883年3月、帰国と同時に東大に奉職し、1915年まで勤める。この間、21名の仏語物理学科で学んだ同志たち(19名の卒業生と2名の退学者)と東京物理学校(現・東京理科大学)の建学を果たし、1883年～1896年9月に東京物理学校初代校長に、また、1888年6月～1919年10月には東京天文台初代台長も務めた。記憶力が抜群で談話好きであり、寺尾のところに集まれば、座談の花が咲いたと言われる。怒った顔を見せたことがなく、他人の悪口は一切言わず、また、自慢するような態度を見せたこともなく、稀にみる責任感の強い人だったようだ。

　山川健次郎(1854-1931)：物理学者。幕末の会津藩と長州藩の壮絶な戦いにおける白虎隊の生き残りで、北海道開拓次官の黒田清隆の「若い者を米国に留学させ、そこで学

んだ知識と体験を大いに生かして開拓に当たらせねばならん。薩長の子弟だけではだめだ。賊軍である会津と庄内からも選ぶべきだ。反対はおいどんが許さぬ」との英断の結果、1871年(17歳)、米国に留学した。翌年エール大学に入学し、3年間物理学を学んで1875年(21歳)に帰国。1877年より東京大学で理学を教える。その後、東京帝国大学総長、九州帝国大学初代総長、京都帝国大学総長を務め、後進の育成に力を注ぎ、日本の物理学の基盤を田中舘と長岡の3人で築いた。髙木先生のエッセイの中に、こんなエピソードが綴られている。

「山川先生の物理の講義はまた変わっていた。2枚の黒板を上げたり、下げたりして、そこへノートから英文をどしどし書いていかれる。それを我々は写すのである。『オッ、ここが1ページ抜けていた』というので、あとから書きたしということもあった。試験のおりには、『こまかいことは、わたしにもノートなしではわからないのだから、そんなむつかしい問題は決して出さない』ということで、さて当日には黒板に問題を書いて、『諸君は紳士だから張り番はしない』といってサッサと出て行かれる。あとで衣嚢から何か出してこっそり見ていた紳士もあった」(前出「明治の先生がた」より)

田中舘愛橘(1856-1952)：地球物理学者。1877年(21歳)、東京大学に正規に創設された物理学科の第1期生として、藤澤利喜太郎ら他2名とともに入学。1882年から1916年まで同大学に勤めた。何事も夢中になるとブレー

キが利かなくなる性分だったそうだ。外出すれば帽子を忘れてくる、傘を忘れてくる、皆から"ソコツ博士"と呼ばれた。研究面では、例えばクモの糸を用いた電磁方位計"エレクトロマグネチーク方位針"を考案し、当時、世界屈指の高精度と認められ、英国王立協会誌に論文が載った。また、(髙木先生の故郷を襲った)濃尾地震でできた根尾谷断層を発見・測定し、国際的に高い評価を得た。1888年から英国グラスゴー大学に留学し、ケルビン卿のもとで、次いで1890年にベルリン大学に渡って、ヘルムホルツのもとで学び帰国した。国際人としても知られ、国際度量衡委員会や国際航空会議で交流のあったシャルル・エドゥアール・ギョームは、「地球には2つの衛星がある。ひとつはもちろん月であるが、もうひとつは日本の田中舘博士である。彼は、毎年1回地球を廻ってやってくるのだ」と評したそうだ。1922年に国際知的協力委員会(戦後ユネスコへと受け継がれた)が設立され、委員会に各国から12名の有識者が出席していたが、田中舘も1927年から1939年までキュリー夫人やアインシュタインらと委員を務めた。また、長岡半太郎、中村清二、本多光太郎、寺田寅彦等優秀な後進を輩出したことから、田中舘は後年、「種まき翁」とか「花咲かの翁」と称されたそうである。

髙木貞治先生のエッセイには次のように書かれている。「田中舘さんの『奇行』は有名であった。田中舘さんの『しくじり』を僕らは最も多く長岡さんから聞かされた。」
「あれは何年であったか、計算すればわかるのだけれども——その日、小石川の植物園で、何か帝大関係の会があっ

た。デザートもすんで、テーブル・スピーチが始まっていたとき、田中舘さんが起って『今日はちょうど僕の満60歳の誕生日だから、今ここへ来がけに、辞表を事務へ出して来た』、一つには後進に途を開くため、また一つにはおいおい老境に臨んで、学問の急速なる進歩に歩調を合わせかねるから、という趣旨を述べられた。一時は満座水を打ったようであったが、そのうちに、ざわざわと反応が生じた。ある人は辞表の撤回をすすめる、ある人は辞表を却下せよという。その中でひとり杉浦重剛さんが、男がいったん言い出したことを、むざと引きこめるものではない。よろしく彼の志をなさしむべきだと言われた。さすがにと感心した。

　田中舘さんはとうとう罷められたが、それが機縁になって、数年後に、定年退職の内規が確定した。」（前出「明治の先生がた」より）

長岡半太郎（1865-1950）：物理学者。長崎県大村藩藩士の息子。父親は、岩倉具視とともに欧米を視察してきた相当の知識人だった。藩校の五教館（現・県立大村高等学校）で学ぶ。1874年(9歳)で上京し、湯島小学校に入学。従順でなくハッキリものを言う子供だったためか、幼少期に成績優良児と認められたことはなかったという。

　1882年9月、東京大学理学部に入学。当時の理学部には、数学科、星学科、物理学科、純正化学科、応用化学科、動物学科、植物学科、地質学科、機械工学科、土木工学科、採鉱冶金学科があったが、物理学を専攻する学生は

解説

年間1人か2人だった。学生がいなくなれば、日本の科学技術振興に赤信号が灯る。いい学生を見つけることが山川・田中舘両氏の重要ミッションだった。そんな折、田中舘が山川に、「先生、理学科に頭の切れる男がいます」と報告したのが、1年生の長岡青年だった。ところが、長岡青年は入学して間もなく1年休学してしまう。その理由を長岡自身が次のように語っている。

「欧米での研究成果について、理解はできたけれども、欧米人研究者の成果をただ伝えるだけで満足するのでは志が低すぎると思ったのである。研究者として創造的な仕事をしていかねば男子として生まれた甲斐がない。しかし、我々東洋人は果たして欧米人と伍して、科学の研究活動ができるものなのかどうかが判然としなければ、一生を棒に振ることになりはしないか。そこで、1年かけて中国における科学について調べてみることにしたのである。」

　長岡半太郎の気骨ある性格を象徴する言葉であり、発想である。1年の調査の結果、中国では渾天儀(こんてんぎ)(天文観測儀)、大砲、火薬等が独自に開発された歴史があることを知り、迷いは吹っ切れた。長岡青年は復学し、物理学科に入学を決めた。山川・田中舘両氏は大いに喜び祝杯をあげたそうだ。因みに、その年の物理学科入学生は長岡青年だけだった。1887年に大学を卒業し、大学院に進学、1890年に助教授となってから1926年まで東京帝国大学の教授職にあった。専門は磁気歪現象等の電気工学で、大学院1年生の1888年にはニッケル鋼の磁気がストレスと捩れ(ねじ)によって変化することについての論文を書き、国際誌に掲載

されている。1893年から1896年までドイツに留学。「ボルツマンのもとで学んで日本への物理学の導入について重要な役目をされた方に、長岡半太郎先生がいられた」と、ノーベル物理学賞受賞者の朝永振一郎も著書『量子力学と私』の中で書いている。

「先生(長岡)は、日本の物理学というものが、なんとかして本場のレベルにまで達しなければならぬと、いつも考えておられたようです。(略)先生がいつもいっておられたことは、『日本の科学者、物理学者は、いつまでも外国の糟粕(糟と粕とは酒のかすのこと。すなわち主要な部分が取り去られた後に残ったつまらないもの)をなめている』というような辛辣な批評だった。(略)東京大学(の物理科)には、もともと輪講というのが必修科目にありまして、(略)先生が、お前、この論文を読め、というふうに割り当てたんだそうです。そして、学生がその論文を一生懸命読んで、説明する(略)一番前のところに長岡先生が座って、そのうしろに他の教授連がずらりと座って、さらにそのうしろに学生・卒業生が座っていたということです。(略)学生がわかったつもりで変なことをいうと、すぐつっ込まれる。相当猛烈にシゴかれたらしい。(略)長岡先生はひじょうにこわかったけれど、今でもとても印象に残っているということでした。

ところが、そのうちに長岡先生があまりでてこられなくなって、そしたら輪講会の活気がなくなって、つまらなくなってきた。」(『量子力学と私』朝永振一郎著、岩波文庫・岩波書店)

解　説

　思ったことはハッキリと口にする長岡は、学生たちから"雷親父"と呼ばれていたという。東京帝大で学生を育てるだけでなく、東北帝大設立に尽力し、そこで本多光太郎や石原純を育て、後の湯川・朝永ら素粒子研究者を育成することにも尽力した。大阪帝大の初代総長になって赴任した関西では、京大学生時代の湯川・朝永等に講義した。湯川秀樹は、長岡の六十歳とは思えない若々しい情熱と、世界的な大学者にふさわしい見識の高さに敬服し、「原子の問題は古典物理から量子論によって解決すべきだという話に非常な刺激を受けた」と語っている。

　長岡半太郎は、文化勲章受章者第1号となり、また、ケンブリッジ大学から日本初の名誉理学博士を授与された。

　髙木先生は、1934年11月に大阪帝大での集中講義の中でこんなことを学生たちに話している。

「ポアンカレ（フランスの数学者・1854–1912）がどこかで『真なるもの〔vérité〕のみが愛すべきものである〔aimable〕』と言っておる。（略）『真なるもののみ愛すべし』と言っても『真なるものすべて愛すべし』と言ったのではない。（略）裏を考えれば知識の宝庫は又同時に知識の"がらくた"である。（略）現代の我々には知識は多すぎて困るものだと感じられる。

　知識から宝にしようというには、宝になるものを選ばなければならない。即ち選択の問題が起こる。先日ここの図書室を見せて貰った。片隅に知識の倉庫がぎっしり詰まっている。こちらの壁を眺めると長岡先生の額が掛かっていて『勿嘗糟粕』（そうはくをなむることなかれ）とある。何

というか、まず痛快である。知識の倉に這入っても注意せよという危険信号がかかげてある」（初出「過渡期の数学」、前出『数学の自由性』収録）

　朝永の著書にもあったように、「糟粕を嘗めるな」は長岡の口癖である。東大で長い付き合いのある長岡先輩が大阪帝大でもやはり自分の知る長岡先輩のままであったことと、"科学研究は他人の後追いではいけない"という長岡の考え方に髙木先生も大いに賛同していたので"痛快である"と言われたのだろう。

　藤澤利喜太郎（1861-1933）：数学者。1877年、東京大学に物理学科が設立され、その1期生として入学、1882年卒業。翌年ロンドン大学、次いでベルリン大学、ストラスブール大学に留学。幾何学や微分方程式を学び、1887年に帰国し、帝大教授となった。ドイツ式のゼミナールを導入するなど、大学数学の教育改革に尽力した。髙木先生は藤澤について次のように書いている。
「藤澤先生の食道楽は有名であった。大正の即位式に参列して、京都から帰られた直後のある日、講義中に教室で卒倒されて、大騒ぎになった。青山内科へかつぎ込むと、病室へ入るや否や、吐血をされた。胃潰瘍で内出血をしたために、脳貧血を起こして卒倒されたのであろうということであった。10日ほどたって、もはや全快で、今日は蒲焼と天麩羅を食ったということで、安心もし、心配もした。」
（前出「明治の先生がた」より）
「藤澤先生は（留学時に）ベルリンでクロネッカーの講義を

聴かれたらしいのであって、代数を大学へ入れなくてはならぬということを絶えず言っていられたのであるが、当時日本では、代数は中学校でもう卒業してしまったもののように考えられていた。そこでその後セミナリが出来てからは、そういう処で頻りに代数の問題を与えられた。当時代数といえばセレーの『高等代数』で、それによって、私はアーベル方程式を読めと言われ、そこで謂わゆる高等代数の洗礼を受けたわけである。しかし、その当時、已に書棚の隅っこに、ウェーバーの『代数学』の第1巻が来ていたので、それを探し出して、ガロアの理論に接したのだが、それが本当に分ったのだかどうだか。」(「回顧と展望」東大数学談話会に於ける講演、1940年12月7日、『近世数学史談』岩波文庫・岩波書店収録)

菊池大麓(1855-1917)：数学者・教育行政官。1901年6月から1903年まで文部大臣を、また東京帝大総長、帝国学士院院長、理化学研究所初代所長等を歴任。蘭学者の息子として江戸に生まれ、幼くして蕃書調所で英語を学ぶ。1866年、幕府の命令によって、11歳で英国へ留学した。その間に幕府が倒れ、明治新政府となったので帰国し、開成学校(後の東京大学)に通った。12〜13歳にして英国留学経験者だとして、明治政府は、まだまげを結っている元武士たちに英語を教える先生として菊池少年を採用した。生徒の中には、後に『Self-Help』の翻訳者となる中村正直もいた。試験の際、なかなか答案を出してくれない生徒たちに退屈してしまった菊池少年は、大きな生徒たちが部

屋でうなっている間、校庭に出て凧をあげていたという逸話が残されている。1870年(15歳)、明治政府から英国へ派遣され、ケンブリッジ大学(セントジョンズカレッジ)で本格的に数学を学ぶ。ケンブリッジでは数学で常に首席だった。

留学中の1872年、ラグビーの試合に出場し、恐らく日本人初のラグビープレイヤーは菊池大麓だろうと言われている。1877年に帰国し、東京大学の教授に就任した。福沢諭吉とも生涯親しかった。

髙木先生は、菊池に関して次のように書いている。
「菊池先生は、毎年、数学科の卒業生をお宅へ呼んで下さった。洋食のエチケットを教えて下さったのである。『アーチショーク〔Artichoke 朝鮮あざみの類〕というものは、大きな松笠のような恰好をしていて、どこをどうして食べるのかわからないが、あれは花でね、その花弁を一片ずつはがすと、つけねの所にちょっぴり柔らかい所があって、それを嘗めるようにしてたべるのだ』。説明が終わったころに、給仕がアーチショークを持って来る。『そうら、これが今話したアーチショークさ』といった具合。」(前出「明治の先生がた」より)

科学者としての才能はもちろん、人間としての魅力や個性に溢れたこれらの人々を、髙木先生は学生時代には師と仰ぎ、その後は同僚として一緒に時を過ごした。なかでも特に、菊池大麓先生を強く敬愛していたようである。そのことが、前出の小冊子『髙木貞治先生』に書かれている。

解　説

「大学生の時、菊池先生が講義の途中でちょっと席をはずされると、髙木青年は菊池先生の帽子をかぶってすーっと教壇に登場し、菊池先生に扮して講義を続けるモノマネをして、みんなをどっと笑わせるようなこともあった。(略)博士(髙木先生を指す)はいつも『菊池先生は、私の大恩師であった。菊池先生がいなかったら、私は決して大成できなかった』とか、『私が、研究で苦しんでいるとき、いつも菊池先生は、私の頭の中に現れて、ふしぎに元気づけて下さった』などと話していた。今、生家に残っている博士の遺品の中に、博士自身が、"菊池博士演説筆記"と墨書している大判のノートがある。卒業生に対する演説であるが、元来博士は、よほどむずかしい講義でもノートをしなかったといわれるのに、こんなにも丹念に筆記しているのには、常日頃、心から尊敬している恩師の、最後の教えとして、ながく心にきざんで置きたいと思ったからであろう。筆記をたどっていくと、『維新後の日本は、政治、経済、教育、文化などいずれの方面も正当な教育を受けた人材を持っている。しかしどの職場も競争が激しいから、在学時代に倍する努力と忍耐が必要である。特に学術の豪傑になろうとするものは、孜々と倦まず、身を終わるまでかわってはならぬ』と、古今東西に例を引きながら、透徹した考え方で、さすがに数学者であり、教育家であり、かつ政治家であった先生らしいご講演である。」(前出『髙木貞治先生』より)

「当時の数学科の教授は、菊池大麓先生に藤澤利喜太郎先生のお二人であった。入学早々何を学んだのか、記憶もす

っかり薄れたが、微分積分、解析幾何学など、まず普通のものから習得し始めたと思う。

その頃は、言うまでもなく日本は発展期にあり、学風も非常に自由であった。なんでもいいから本を読め、乱読し、そして勝手に考えよ、といった気風がみなぎっていた（略）。そこで私など見さかいもなく図書館の本を取り出し、片端からひっくりかえして見ていた。もちろん、指導者なしの乱読雑読で、読んだというより眺めていたといった方が、より正確だろうか。

そんな勉強の方法でも、当時の西洋から輸入したての微々たる日本の数学界では、まず一応はお山の大将で、周囲にそれほど恐ろしいものなしの、思い上がった気持ちになっていられた。」（初出「一数学者の回想」『文藝春秋』〈1955年10月号〉、文藝春秋、前出『数学の自由性』収録）

髙木先生は、1897年7月（22歳）、東京帝国大学理科大学を卒業した後、同大学院に入学し、一層勉強に専念した。

6. 代数的整数論とは

本書『数の概念』は、髙木先生の専門である代数的整数論について書かれたものではない。しかし、髙木先生が世界的に高く評価された理由はどういう点だったのかを理解するためには、代数的整数論がどのような研究分野なのかをおおよそであっても知る必要がある。ここでは、それらについて、数学の専門用語や記号等をできる限り使わずにごくごく簡単に記してみよう。そうは言っても、"数学の混み入った話はちょっと……"と思われる方は、本節を読

み飛ばしてもよいし、本節の数学的なディテールには深入りせずにこの分野の発展の中に登場するアーベルから髙木先生までの数学者たちの系譜をおさえていただければ十分である。

a_1 を有理数 $\left(\dfrac{(整数)}{(整数)}$ の形で表される数のこと$\right)$ とするとき、1次方程式 $x + a_1 = 0$ の解は $x = -a_1$ であると中学で習う。

すなわち、1次方程式の解は(有理係数)a_1 で表せる。次に、a_1, a_2 を有理数とするとき、2次方程式 $x^2 + a_1 x + a_2 = 0$ の解は、$x = \dfrac{-a_1 \pm \sqrt{a_1^2 - 4a_2}}{2}$ であると中学や高校で習う。すなわち、2次方程式の解は(有理係数)a_1 と a_2 と加減乗除と根号の記号($+, -, \times, \div, \sqrt{}$)を使って表せる。このことは紀元前1800年頃の古代バビロニアで既に知られていたとされている。

では、a_1, a_2, a_3 を有理数とするとき、3次方程式 $x^3 + a_1 x^2 + a_2 x + a_3 = 0$ の解は、その係数 a_1, a_2, a_3 と加減乗除と根号を使って表せるだろうか?

4次方程式 $x^4 + a_1 x^3 + a_2 x^2 + a_3 x + a_4 = 0$ の解はどうだろうか?

5次方程式 $x^5 + a_1 x^4 + a_2 x^3 + a_3 x^2 + a_4 x + a_5 = 0$,
6次方程式 $x^6 + a_1 x^5 + a_2 x^4 + a_3 x^3 + a_4 x^2 + a_5 x + a_6 = 0$,
⋮
n 次方程式 $x^n + a_1 x^{n-1} + a_2 x^{n-2} + \cdots + a_{n-1} x + a_n = 0$
だったら、どうだろうか?

3次方程式の解は、(真の発見者が誰なのかはいわくつきなのだが)"カルダノの解の公式"と呼ばれる公式が知られていて、有理係数と加減乗除と根号 $\sqrt[2]{}$, $\sqrt[3]{}$ を使って表せることが1525〜1545年頃に示されている。因みに、n次方程式の解が有理係数と加減乗除と根号を使って表せるとき、その方程式は**代数的に解ける**と言う。4次方程式の解もほぼ同時期に"フェラーリの解の公式"が突きとめられ、代数的に解けることが分かっている。5次方程式については、それから250年以上経った18世紀後半にようやく幾つかの進展があり、1824年にノルウェーの若き数学者アーベル(1802-1829)が、"有理係数と加減乗除とベキ根を使うだけでは解が表せない5次方程式(すなわち、**代数的に解けない**5次方程式)がある"ことを示した。ここで、注意すべきなのは、"あらゆるすべての5次方程式が代数的に解けない"とは言っていないことである。たとえば、$(x-a_1)(x-a_2)(x-a_3)(x-a_4)(x-a_5)=0$　といった単純な形をしたものであれば、5次方程式でも代数的に解くことができる。では、代数的に解ける5次方程式と解けない5次方程式の違い(原因)はどこにあるのだろうか？ 次数が6次以上の方程式だったらどうなのだろうか？

　この問いに決着をつけたのが、当時まだ20歳そこそこのフランスの青年ガロア(1811-1832)だった。2人のアイディアが(正確には、ラグランジュなども同様のことを考えていたことが知られているので3〜4人のアイディアが)それまでの多くの研究者たちと大きく違った点は、"方程式を何とか1次の因数に分解しようと方程式自身に着目す

る"のではなく、"解と係数の関係に着目した"ことだった。

たとえば、2次方程式の解をα_1, α_2とすると、その方程式は$(x - \alpha_1)(x - \alpha_2) = 0$ すなわち、$x^2 + (-\alpha_1 - \alpha_2)x + \alpha_1\alpha_2 = 0$ に他ならない。つまり、この2次方程式の係数は解を用いて次のように表される：

$a_1 = -(\alpha_1 + \alpha_2)$, $a_2 = \alpha_1\alpha_2$。2つの係数はどちらも、α_1とα_2を入れ換えても（置換しても）、各係数に変化がない形をしている。すなわち、2次方程式の係数は2つの解の（基本）対称式と呼ばれる形をしている。一般に、n次方程式でも同様のことが成り立ち、n次方程式の係数にはn個の解の（基本）対称式が現れる。ここに至って、「"n次方程式のn個の解の置換という操作"がn次方程式の解の構造（正体）を解き明かす鍵になってくるかもしれない」という漠然とした方向性が見えてくるだろう。

アーベルはこの方針のもと、背理法を使って5次方程式の中に代数的に解けないものが存在することを示した。

ガロアはさらにその先を進めた。彼が最終的に突きとめた結論を大雑把に書くと次のようになる：

「与えられたn次方程式に対して、解に関する置換群をつくる。その群を可能な限り簡単な群に連鎖的に分解していったとき、分解された群がすべて素数回の操作で元に戻る特別な置換群（巡回群と呼ばれる）ならばその方程式は代数的に解くことができ、そうでなければ代数的には解けない」

アーベルもガロアも、数学の歴史に大きく貢献したにも

かかわらず、生きている間にその価値が十分に理解されることなく、若くして(20代で)夭逝してしまった。ガロアのアイディアは画期的だったが、その記述は難解で、また、確かにその手順に従えば代数的に解ける方程式と解けない方程式の判別はつくが、置換群とかその分解とか、素数回で元に戻る巡回群への連鎖的な分解とか、そういったひとつひとつの事柄のもつ意味が解明されてはいなかった。そのため、「ガロアの死後20年間ぐらい、この理論を理解している人はほとんどいなかった」と数学者E. T. ベルは評している。そしてそれを打破したのがドイツの数学者クロネッカー(1823-1891)だという。

クロネッカーは1840年代後半にガロアの理論体系に深く通じていた、おそらく唯一の数学者であったろう、とベルは指摘している。考察対象の本質をつかみ、その構造や核心を論理的かつ明快に描き出す達人だったクロネッカーは、1853年に方程式の代数的解法に関する論文を発表した。ベルはこのように言っている。

「クロネッカーが、ガロアの理論を研究してからというもの、この問題は少数者の私有物から、すべての代数学者の共有財産へと変わった。そしてクロネッカーの研究の仕方が非常に芸術的だったので、方程式論のつぎの局面——現在行なわれている体論の公理主義的な定式化およびその拡張——の源をたどると、彼のところにいきついてしまう。」
(『数学をつくった人びと』Ⅲ、E. T. ベル著、田中勇・銀林浩訳、ハヤカワ ノンフィクション文庫・早川書房)

代数的整数論とは、非常に大まかに言うと、「従来の数

解 説

の枠組み、すなわち、有理数の集合を含む実数の集合、さらにそれを含む複素数の集合という枠組みで考えるのではなく、有理数を適切に（代数体的に）拡大した数の集合（**代数的数体や代数的整数の集合と呼ばれる集合**）を考え、それについて調べることによって結果的に、従来の考え方では解明できなかった有理係数n次方程式を考察することを目的として生まれた分野」である。

　もう少し詳しくみておこう。まず、**代数的整数**がどういうものかを説明する。a_iを有理係数とするn次方程式$a_0x^n + a_1x^{n-1} + a_2x^{n-2} + \cdots + a_{n-1}x + a_n = 0$ の解αが、どの$n-1$次以下の方程式の解にもならないとき、αをn次の**代数的数**という。また、特に、n次方程式でx^nの係数a_0が1のとき、その方程式の解α'をn次の**代数的整数**という。たとえば、$2-\sqrt{3}$という数は、2次方程式$x^2-4x+1=0$ の解であり、かつ、有理数を係数にもつ1次方程式の解にはなれないから、2次の代数的整数である。

　次にn次の**代数的数体**について説明する。αをn次の代数的数とするとき、αに加減乗除（$+$, $-$, $\times$, $\div$）を何回でも施して得られる数すべてからなる集合を（αによって生成される）**代数的数体**（または**代数体**）といい、記号$\mathbf{Q}(\alpha)$で表す。

　たとえば、αから$\alpha+\alpha=2\alpha, (\alpha+\alpha)\times\alpha=2\alpha^2$などが作られるが、こういった数をすべて求めると、$\mathbf{Q}(\alpha)$の元は、
$b_1\alpha^{n-1} + b_2\alpha^{n-2} + b_3\alpha^{n-3} + \cdots + b_{n-1}\alpha + b_n$（ただし、$b_i$はあらゆる有理数）　という形になることがわかっている。

169

集合の記号を使って書くと、
$Q(\alpha) = \{b_1\alpha^{n-1} + b_2\alpha^{n-2} + \cdots + b_{n-1}\alpha + b_n \mid b_1, b_2, \cdots, b_n$ は有理数$\}$ であり、$Q(\alpha)$ は有理数の集合を含んでいる。また、$Q(\alpha)$ の中の一部が代数的整数になることもわかっている。このような $Q(\alpha)$ の中のすべての代数的整数から成る集合をIとおき、代数的整数環と呼ぶ。代数的整数論とは、非常にざっくり言えば、代数的数体や代数的整数環の性質を研究する分野である。

通常の整数の場合と同様に、2つの代数的整数の加・減・乗の結果は代数的整数になるが、除の結果は必ずしも代数的整数にならない。また、代数的整数の世界には、通常の整数の世界とは異なる厄介な点がいくつかある。そのひとつが、"通常の整数"の議論をする際に主要な役割を果たす"任意の整数は一意に素因数分解される"という性質が、代数的整数では必ずしも成り立たないということである。

この困難をクロネッカーは複雑だが鮮やかな方法で克服してみせた。この同じ困難を、さらに鮮やかに克服したのが、クンマー（1810-1893）だった。彼は、**理想数**と呼ばれる新しい数を導入し、代数的整数環における"素因数分解の一意性"のようなものを得たのだった。その結果、たとえば、ガウスの平方剰余の相互法則を代数的整数に対して拡張することや、有名だったフェルマーの未解決問題：「$x^n + y^n = z^n (n \geq 3)$ をみたす整数は存在しない」を部分的ながら（$3 \leq n \leq 100$ をみたす、すべての n に対して）証明することにも成功した。

解　説

　この"理想数"の発想を整理し、発展させたのが、ドイツの数学者デデキント(1831-1916)だった。彼は、"数"という個々のものではなく、"ある種の数の集合"を**イデアル**と呼び、あたかもそれらを数のように扱った。そして数のようにイデアルどうしの足し算、引き算、掛け算や割り算を考えることで、素因数分解の一意性ならぬ、**素イデアル分解の一意性**を(すべての代数的整数環に対して)証明したのだった。

「デーデキントが創造した《イデアル》(とその素イデアル分解というアイディア)は、整数論のみならず、代数方程式論から発生してきた代数学全体をも刷新するものであった」(前出『数学をつくった人びと』Ⅲより)とベルは書いている。デデキントは1857〜1858年にかけて、ドイツ・ゲッチンゲン大学でガロアの方程式論を講義している。恐らく、ガロア理論を学生対象に大学で講義した第1号だろうと言われている。それまで、有限個の要素をもつ群として、主に置換群しか考えられることがなかったが、デデキントは群というものを公理系と呼ばれる規則によって定義づけ、より抽象的に広く捉えた。これによって、ガロアが突きとめた結果はより抽象化され、より理解しやすいものになった。

　さらにベルはこのように語っている。

　ユークリッド幾何学の狭い世界をガウスやリーマンや、ロバチェフスキーらがより広い世界に開放することによって、幾何学そして自然科学の理論がより豊かになったように、クンマー、クロネッカー、およびデーデキントは、代

数方程式を数の範囲の拡大に持ち込むことによって、代数的数の近代的理論を創設した。

　この3人の後に続いたのが、ドイツのゲッチンゲン大学にいたヒルベルト(1862-1943)であった。ヒルベルトは多分野に画期的な業績を残したが、1893年から1898年という約6年間を代数的整数論の研究に捧げた。そうなったきっかけのひとつは、1893年夏に開かれたドイツ数学会の年会で、デデキントが示した"代数的整数環のイデアルが素イデアル分解できる"という定理の、分かり易い新たな証明をヒルベルトが発表したことだった。クロネッカー、クンマー、デデキントの革命的業績の数々は、極めて複雑であり、また、まだまだ論理的に飛躍していると思われる個所も少なくなく、多数の数学者が理解できるものではなかった。そこでドイツ数学会はヒルベルトに"代数的整数論の現状に関する包括的な報告書"を2年間で書くように（すなわちこれまでに分かっている成果を論理的に整理しまとめてくれと）依頼したのだ。1897年4月に提出された報告『整数論報文（報告文"Zahlbericht"）』は、それまでの難解な理論や複数の成果に関する論理的な流れや意義を簡明な文体で解き明かし、今後の展開をも予感させる名作だった。その序文にはこう書かれている。

「代数的整数論の諸理論の中で、もっとも豊麗につくられている部分はアーベル体、さらに一般に、代数体のアーベル拡大体に関する理論であると私は考える。（略）そこに埋まっている貴重な宝がいまだ豊富に存在すること、そしてそれらの宝の価値を理解し、それらに対する愛をもって業

解 説

にはげむものには豊かなむくいが用意されているということを知るのである。」(『ヒルベルト　現代数学の巨峰』C・リード著、彌永健一訳、岩波現代文庫・岩波書店)

　また、C・リードはその著書の中で、ヒルベルトは様々な成果を挙げたが、特にその報告書『整数論報文』の翌年に発表された彼の論文『相対アーベル拡大体の理論について』の中に、後に"類体論"として知られるようになる壮大な理論の大略を描き、その研究のために必要とされる方法と諸概念を展開したのだった。後の数学者たちにとって、そこに書かれている事柄は、あたかも"神につかれた予言者"によって書かれたものではないかと思わされるほど、先を見越したものであった。そして、これほどまでに彼の数学的直観力の鋭さが明らかになったのは、この論文の他にはない、とも語っている。

　後年、ヘルマン・ワイル(1885-1955)がヒルベルトの追悼文の中で書いた言葉を要約して紹介しよう。

　『相対アーベル拡大体の理論について』で彼は、具体例を詳細に調べ尽くすことによって、類体に関する基本的な事実をまるで霊感に導かれたかのようにして見つけることに成功し、それを定式化した。これによって代数的整数論の研究は新たな展開を見せることになったのである。すなわち、それから何十年かの間に現れた整数論学者たち、フルトウェングラー、髙木貞治、ハッセ、アルティン、シュヴァレーなどによる仕事の大部分はヒルベルトによって予想された事実を証明することに費やされた。

最後に、髙木先生が証明した**"クロネッカーの青春の夢"**と呼ばれる問題と**"類体"**について触れて本節を締めくくろう。

　代数的数体$Q(\alpha)$の要素を係数とする(ひとつの)代数方程式とその解を考える。そして、この方程式のすべての解を$Q(\alpha)$に加えてできる、$Q(\alpha)$を含むより大きな代数的数体Q'を考える。次にQ'の要素にQ'の要素を対応させる(加減乗除を保つ)あらゆる写像を考え、その中で$Q(\alpha)$の要素を自分自身に対応させる**同型写像**すべての集合Fを考える。そしてFの任意の2つの要素f_iとf_jを選んだとき、Q'の要素にf_iの次に続けてf_jを作用させても、またf_jの次に続けてf_iを作用させても同じ結果になるとき、Q'を$Q(\alpha)$の**アーベル拡大体**と呼ぶ。

　クロネッカーは、「有理数体Qのどんなアーベル拡大体も、円周をn等分する問題を解くための方程式から得られる体(**円分体**と呼ばれる)に含まれる」という命題を示した。すなわち、「Qのアーベル拡大体ならば円分体である(有理数体に1のベキ乗根を付け加えることで得られる)」ことを示したのだ(クロネッカー・ウェーバーの定理)。では、Qではなく、他の代数体のアーベル拡大体でも、同様のことが言えるのであろうか。たとえば、虚2次体と呼ばれる代数体のアーベル拡大体は、虚2次体に、虚数乗法を持つ楕円関数の等分値と特異モジュールを付け加えることで得られるのではないだろうか？

　クロネッカーは、有理数体以外の代数体でも恐らく成り立つだろうと予想したが(1850年頃)、証明することはで

解　説

きなかった。この予想が成り立つか、と問うのが"クロネッカーの青春の夢"と呼ばれる問題だ。1920年に髙木先生はこの問題より強い命題(ヒルベルトの第12問題と呼ばれる命題)を解くことによって、この未解決問題を解決した。

　ここで、代数体に対して類体とはどういうものなのかを簡単に説明しておこう。ヒルベルトが論文を書いた1898年当時、代数体のアーベル拡大体一般について色々な性質を探ろうとしても漠然としすぎていて考えにくかった。その後、徐々に代数体のアーベル拡大体(基礎となる代数体より広い世界)のことを調べるうちに、基礎代数体そのもののイデアルたちの構造の中に、既に大事な情報が眠っていることがわかってきた。だが、当時、その美しい関係性にはわかっていないことがまだまだたくさんあった。そこで、「代数体のアーベル拡大体に更にある条件(拡大とイデアルなどに関する条件)を付加した"類体"というものについて、その性質を探ったらいいのではないか」というのがヒルベルトのアイディアだった。髙木先生は、後に類体に関して様々な性質や法則を証明し、遂には「(代数体の)任意のアーベル拡大体は、基礎代数体の類体に他ならない」ことを証明した。そもそも、「代数体のアーベル拡大体の中でも特殊なタイプが類体だ」として、類体というものが考えられたのだから、髙木先生が明らかにした結果は意表を突くもので、研究者たちに与えたインパクトは非常に大きかったそうだ。20世紀の前半は、ワイルが言うように、髙木先生をはじめ、ドイツやアメリカで活躍した数学者アルティン(1898-1962)等の研究者が類体から得た性質や法

則から代数的整数論に関する主要な定理を明らかにしていった、類体論全盛の時代だった。なお、アーベル拡大体とは限らない、非可換（ノンアーベル）な場合の類体論はまだまだ未知の分野であり、今も代数論を専門とする数学者たちを魅了し続けている。

7. ドイツ留学とヒルベルト

1897年（22歳）に東京帝国大学の大学院生になった髙木青年は、翌年5月、文部省から命じられて3年間ドイツに留学することになる。このときの経緯を、後年、髙木先生がこう語っている。

「1898年になって、私はドイツへ留学を命ぜられてベルリンへまいることになりました。それは明治31年で、その年に日本最初の政党内閣（隈板内閣）が出来ることになって、内閣総辞職があったのですが、時の文部大臣の外山正一さんが辞職の際の置土産として、一年分の留学生十余人を一時に発表されて、私も幸いに其の中に加わって、予想外に早く出立することになったのである。

「洋行」は嬉しかったが、その時にベルリンへ行ったならば大変だと怖気を有って行ったのである。それは西洋の学者を神様のように思っている時代であったし、殊にベルリンは、例のワイエルシュトラス、クロネッカー、クンメル（クンマー）の三尊の揃っていた隆盛時代の直後であった。その三尊はみんな亡くなって、後継者のフックス、シュワルツ、フローベニウスの時代になっていたのだが、何分数学といえばドイツ、ドイツといえばベルリンと言われてい

解 説

た時代で、そこへ素養もなく、自信もない、東洋の田舎者が飛び込んで行くのだから、怖かった。」(前出「回顧と展望」より)

同年8月31日、横浜港を出発した。
「留学生も、あのころは珍重されたようで、帝大関係の留学生が出発するときには、総長が新橋駅まで見送られるならわしであったらしい。僕らの出発は、明治31年8月のたしか末日であったが、その日、菊池総長は土佐丸の進水式に招かれているので、見送りができないという伝言があって、恐縮した。しかし、藤澤利喜太郎先生と長岡半太郎先生とは、横浜の船まで、見送って下さった。(略)

さて、出発の日の汽車の中でのことだが、藤澤先生の言われるのに、今から行けば、マルセーユに着くころは、ちょうど地中海の鯖(さば)の季節である。マケローというのだ、ぜひ食ってみるがいい、ということであった。赤毛布(あかゲット)がマルセーユに着いたときには、マケローなど、思い出しもしないで、ベルリンへ直行した。」(前出「明治の先生がた」より)

港までの見送りには、ご両親も来られたそうだが、父は髙木先生の帰国直前に亡くなられたので(1901年3月に亡くなられた。髙木先生は同年11月に帰国)、それが最後の別れとなったそうである。

ベルリンに辿り着いたのは、10月13日。それから1900年3月まで、留学期間の前半をベルリンで過ごした。
「ベルリンへ行って見ると、フックスやシュワルツは、既に相当齢をとって日本ならば停年(定年)といわれる年頃であった。フックスの微分方程式の講義を聞いた(略)。

177

シュワルツもいろいろ講義するのであるが、(略)まあ東京でいろいろ読んだのと大して変わりないのであった。
　フロベニウスは年も一番若く、講義はガロアの理論や整数論で、内容は別段変ったことはないが、講義振りは実にキビキビしたもので、ノートなんか持たない、本当に活きた講義といったものを生れてから初めて聞かされたのである。フロベニウスは少し怖かった、というには訳がある。私がドイツへ往く少し前に、ちょうどその頃理学部の少壮教授が数人新たに帰朝された。だからドイツへ往くなら、そういう方にいろいろ注意すべきことを訊いてゆくがよかろうというので、いろいろ御話を伺った。すると(略)日本人を軽蔑するフロベニウスであるから、フロベニウスの処へ行くなら、その積りで、よく覚悟をして行くがよかろうと、まあ大いに嚇かされたのである。しかし実際行って見ると、そんな怖いこともなかった。私が何かある問題を持って、先生に訊きに行ったことがあったが、その時先生は、それは面白い、自分でよく考えなさい、Denken Sie nach!　といっていろいろな別刷などを貸してくれた。この『自分で考えなさい』も、思えば生れて初めての教訓であった。当時フロベニウスは群指標の理論をやっていた最中であったが、そんなことは講義には少しも出ない。セミナリでも、コロキウムでもちっとも出ない。(略)日本人ばかりでなく、ドイツの学生でも、つまり相手にしないわけである。そんなものはちゃんと秘蔵というか、学生なんかに公開しない。だからベルリンに居ながら、フロベニウスの群論を知らずに居たのである。

解説

　そんな風であったから、ベルリンに三学期もおったけれども、大してこれということもなかった。尤もあの頃は、今と大分時代が違っていて、文化の喰い違いというようなことが余程 甚(はなはだ)しかったので、ヨーロッパの生活に慣れるとか、語学の練習とかに時間を費さざるを得なかった次第である。」(前出「回顧と展望」より)

　ベルリンで1年半過ごし、1900年3月末に、髙木青年は、ドイツのゲッチンゲンに拠点を移した。そこには、当時38歳にして世界的に誉れ高かったヒルベルト(1862-1943)がいた。前節でも登場したが、ここであらためてヒルベルトについて紹介しておこう。

　ダーフィット・ヒルベルトは、20世紀前半の最も偉大な数学者の一人と言われている。彼は代数的整数論、数学基礎論、積分方程式論、数理物理学等、数学の多分野で研究し、各分野の発展を導くような輝かしい貢献をした。1900年8月8日、20世紀を目前としたパリで開かれた国際数学者会議でヒルベルトは伝説的な講演をした。その内容の冒頭部分を意訳して紹介しよう。

「未来の姿を覆い隠すヴェールを持ちあげてみたいと思わない人がいるだろうか？　現在の科学が来世紀、来々世紀にどのような進歩を遂げていくのか、そしてまたそれらをもたらすキッカケがどのようなものなのかをちらっとでも見てみたいと思わない人はいるだろうか？　次世代をリードする気概溢れる数学者たちが目指すべき目標として、具体的にどんなものがあるだろうか？　広く豊かな数学的思想の広野と我々を閉ざす様々な扉の中で、新しい世紀が、

179

新たな方法や事実につながるどの扉を開いてくれるのだろうか？　歴史は科学の発展の連続性を我々に教えてくれる。すべての時代がそれぞれの問題を持つこと、そしてそれに続く時代が、それらの問題を解決するか、あるいはそれらを実りをもたらさないものとして斥け、新しい問題をもってそれらに替えるということを我々は知っている。もしも、我々が、近未来の数学の発展がどんなものなのかを知りたいのならば、我々は未解決の諸問題について眺めまわし、その中から、将来的に解決が期待されているようなものについて注目しなければならない。2つの世紀が見合おうとしているいまこそ、そのような諸問題について考えるのにふさわしい時はないと私は考えております。なぜならば、偉大な時代が幕を閉じるにあたって、我々はただ過去をふりかえるだけではなく、未知なる将来への展望をもまた知りたいと願うのが当然だからであります。」

このようなことを情熱的に聴衆に語りかけた後、20世紀に解かれるべきとヒルベルトが考える多岐に亘る分野の23題の未解決問題を列挙した。そして、「新世紀が才能豊かな予言者たちと、数多くの真摯で情熱溢れる使徒たちを生み出さんことを信じてやみません」と締めくくった。

世界中の数学者、特に数学に夢を馳せる若者はヒルベルトに心を強く揺さぶられたのだった。

その後、これらの問題は、"ヒルベルトの第n問題"と呼ばれるようになった。それを解いてみせようという挑戦者を生み、数学の研究を活性化、深化させ続けたのだった。洞察力、新しいものを生み出す創造力、論理的分析力、広

解　説

く柔軟な視野等々の数学研究者としての能力においても、また向学心や研究心溢れる人々にインスピレーションを与え、また人を惹き付けてやまない寛大で温かい人柄においても、ヒルベルトはずば抜けて高かったといわれている。ケンブリッジの著名な数学者ハーディ（1877-1947）は、晩年、こんなことを言っている。

「天性の数学的能力について自分なりの採点をしてみると、自分は25点、同僚のリトルウッドは30点、当代きってのヒルベルトは80点……。」

　このように優秀で、しかも弱冠38歳という若さみなぎるヒルベルトのいるゲッチンゲンで髙木先生は学ぶのである。

「1900年に私はゲッチンゲン大学へ参りました。当時、ゲッチンゲンでは、クラインとヒルベルトの二人が講座を有っていた。講座が三つになって、ミンコフスキ（1864-1909、アインシュタインの特殊相対性理論で使われた時空を表すためのモデル"ミンコフスキ空間"を考案した数学者）が聘せられたのは後である。此処はベルリンとは様子がまるで変っているので驚いてしまった。当時は毎週一回大学で談話会があったが、それはドイツは勿論、世界各国の大学からの、言わば選り抜きの少壮学士の集合で実際、数学世界の中心であった。そこで私ははじめて、二十五にも成って、数学の現状に後るること正に五十年、というようなことを痛感致しました。この五十年というものを中々一年や二年に取り返すわけにゆくまいと思われましたが、それでも其の後三学期即ち一年半の間ゲッチンゲンの雰囲

気の中に棲息している裡(うち)に何時とはなく五十年の乗り遅れが解消したような気分になりました。雰囲気というものは大切なものであります。

　私はヒルベルトの処へ行ったところが、『お前は代数体の整数論をやるというが、本当にやる積りか？』とえらく懐疑の眼を以って見られた。何分あの頃、代数的整数論などというものは、世界中でゲッチンゲン以外で殆ど遣って居なかったのであるから、東洋人などが、それを遣ろうなどとは、期待されなかったのに不思議はないのである。さて僕が『やる積りです』と言ったところが、『それでは代数函数は何で定まるか？』と早速口頭試問だ。即答ができないでいる裡に、『それはリイマン面で定まる』と先生が自答してしまった。成る程、それに相違ないから、私は『ヤアヤア』と応じたが、先生は、こいつはどうも怪しいものだと思ったろう。それからヒルベルトは、これから家へ帰るから、一緒に蹤(つ)いて来いといわれるので、蹤いて行った。そこで私のやろうというのは、例の『クロネッカーの青春の夢』と謂われるものの中で、『基礎のフィールドがガウスの数体である場合、つまりレムニスケート函数の虚数乗法をやろう』と思うと言ったら、『それはいいだろう』といわれ、それから、今でもよく憶えているけれども、ウイルヘルム・ウェーバー町へ曲る所の街上で、ステッキでもって、こっちへ正方形を描き、こっちへ円を描いて、つまりレムニスケート函数を以って正方形を円の中へ等角写像をする図を描く、シュワルツのヴェルケに載っている画を描いたわけである。『お前はシュワルツの処から

解　説

来たのであるから、能(よ)く知っているだろう』と、これも試問の続きだが、実はよく分かっていなかった。さてヒルベルト自身は、私が行きました頃は、整数論から離れてしまった後で、ちょうどその頃は1900年であったから、幾何の基礎論を済ました後であった。そうして1904年に積分方程式、今のヒルベルト空間論の前身が始まる。それの中間の時期で、先生のやっていたのは、変分法や理論物理の微分方程式などであった。その頃のヒルベルトのやったことを承(う)け継いでいるのはクーランである。ちょうどそういう時代であったから、ヒルベルトの側にいたけれども、直接には何等の指導も受けなかった。」(前出「回顧と展望」より)

"当代きってのヒルベルト"が、まだ無名の東洋からの若き一留学生に、初対面の挨拶時に、こんなにも親切に、かつ真摯に対応していることに、心を打たれる。

「クライン(フェリックス・クライン(1849-1925):数学者。群論と幾何学の関係や関数論等の発展に寄与した。美術やパズルでもよくとりあげられる"クラインの壺"の考案者でもある)の事を少しお話したい。クラインの講義は当時非常な人気であった。あの頃のドイツの大学の制度は、講義は自由に聴くことになっていて、聴く講義だけは聴講料を払う。その聴くか聴かぬかを決めるためには、初め六週間位は只聴いていていい。その裡に、いよいよ聴こうと決心したら、聴講料を払う。こういう制度であった。クラインの講義を聴くと非常に面白いが、実は白状すれば、聴講料を私は一度も払わなかった。だいたい六週間位聴いてやめてしまう。それで十分であったのである。この

183

六週間ずつの聴講が、例の五十年の取り返しに大いに役立ったのである。終まで聴講を続けても、こういう方面には大して有効ではなかったろうと、私は想像している。とにかく講義の初めの一般論が非常に面白い。ちょうど現今の数学の状態を、四十年前にクラインが独りでやっていたといっていいと思う。よくクラインは、『三つの大きなA』ということを言った。それはArithmetik（算術）、Algebra（代数）、Analysis（解析）の花文字のAである。クラインの意味は、そうと明言したわけでないけれども、そんな風にAの一、Aの二、Aの三などと数学の中にギルドのような分界を立てて、やっているけれども、俺なんかは俺の幾何学でもってそれらを統御するのだと、そういう事らしく、例の六週間を聴いていると、そういう統一的の精神が基調になって、非常に面白く聴かせた。今時青年諸君に、『数学に三つの大きなAがある』といったら承知しないだろう。今は唯一つの小さな a だ。則ちabstract（抽象）だというであろう。今の数学は抽象法で統制されているが、クラインは既に四十年前に、彼の幾何学的方法を以って、統制を小規模ながらim Kleinen（小規模に…という意味のドイツ語）にやって居たのである。だから名前もKleinだ。これは悪謔だけれども、嘲笑ではない。実はクラインに対する敬慕親愛の表現である。クラインはよく空虚なる一般論leere Allgemeinheitということを言った。これも一つの大きいAだが、それは浅薄無用なる一般論を指弾したのであろう。クラインが今生きて居たら、現今の抽象数学を空虚な一般論としたであろうか。否、そうではあるま

い。クラインは何でも彼でも具体化せねば承知しなかったが、それは具体的なる表現を要求したのである。具体と抽象とは、言葉の上では、反対のようだけれども、数学統一の精神は同一である。唯浅薄と固陋(ころう)とがいけないのである。」(前出「回顧と展望」より)

　ベルリンの思い出と比べて、ゲッチンゲンでのヒルベルトやクラインについてのエピソードは実にいきいきと綴られている。当時の数学研究の最先端の現場のひとつだったゲッチンゲンで過ごした日々が、いかに充実した時間だったのかが窺える。この期間に髙木先生の内に播かれた種が芽吹き、それが大輪の花を咲かせるのは、帰国して十数年たってからであった。

8. 帰国後の業績

　帰国後について、髙木先生は次のように振り返っている。
「1901年に帰って来てからは、いろいろな講義をさせられた。代数曲線とか、その他何をやったか忘れてしまったが、いろいろやらされた。そのお蔭で当時学生であった諸君は、大分フリーの時間が減って皆迷惑を蒙(こうむ)ったことであろうと思う。その裡に、吉江君(吉江琢児[1874-1947])や、中川君(中川銓吉(せんきち)[1876-1942])が帰って来られて、私もそういう余計な仕事はやらなくて済むようなった。

　全体私はそういう人間であるが、何か刺戟がないと何もできない性質である。今と違って、日本では、つまり『同業者』が少ないので自然刺戟が無い。ぼんやり暮していても

いいような時代であった。それで何もしないでいた間に、今の『類体論』でも考えていたのだろうと思われるかも知れないが、まあそんなわけではないのである。

　ところが、1914年に世界戦争が始まった。それが私にはよい刺戟であった。刺戟というか、チャンスというか、刺戟ならネガティヴの刺戟だが、つまりヨーロッパから本が来なくなった。その頃誰だったか、もうドイツから本が来なくなったから、学問は日本ではできない――というようなことを言ったとか、言わなかったとか、新聞なんかで同情されたり、嘲弄(ちょうろう)されたりしたことがあったが、そういう時代が来た。西洋から本が来なくなっても、学問をしようというなら、自分で何かやるより仕方が無いのだ。恐らく世界戦争が無かったならば、私なんか何もやらないで終わったかも知れない。序(つい)でにその頃の事で思い出したことがあるから、御話するが、ある人がこんなことを言うたのを記憶している。それは『大学教授を十年もやっていて、神経衰弱にならないのは嘘だ』というのだ。私は大学教授を十年はやっていなかったかも知れないけれども、別に神経衰弱の徴候も無かったが、神経衰弱とはどういう意味かといえば、頻(しき)りに本が外国から来る。丸善などには毎月多数来る。どんな本が新規に来るかを注意して看過されないようにするだけでも大変である。又そんな本をみんな買って来て、買って来るのも大変なんだが、それをみんな読まなくてはならないから大変だというのだ。それが神経衰弱の原因だという。全体、本を書く奴は大勢いる。それを一人で読まなければならないと思って、神経衰弱に成る

解　説

などは、あまり賢明ではないようだ。私なんか幸いに生来不精で、人の書いたものをあまり読まないで、神経衰弱を免れたのである。同様の意味で、諸君に神経衰弱の予防を勧告したいと思うのである。」(前出「回顧と展望」より)

　外国から書籍や論文が入ってこなくなったことが、逆に功を奏して、フロベニウスの教訓："(他の研究者を追随することに甘んじずに)自分で考えなさい"を実践することになったわけである。ここでの髙木先生の日本の学者たちへの"外国からの書籍を読むことばかりに追われるべきでない"というアドバイスは、長岡半太郎の"糟粕を嘗めるな"と、まさに言わんとしていることは同じであろう。興味深いことに、"このとき、自分で考えたこと"の中身を髙木先生は具体的に綴っている。

「『類体論』の話を少しすると、あれはヒルベルトに騙されていたのです。騙されたというのは悪いけれども、つまりこっちが勝手に騙されていたのです。ミスリードされたのです。

　ヒルベルトは、類体は、不分岐だというのであるが、例の代数函数は何で定まるか、リイマン面で定まる——という、そういうような立場から見るならば、不分岐というのは非常な意味をもつ。それが非常な意味をもつがごとくに、ヒルベルトは思っていたか、どうか知れないけれども、そんな風に私は思わされた。所が、本が来なくなって、自分でやり出した時にそういう不分岐などという条件を捨ててしまって、少しやってみると、今ハッセなんかが、逆定理(ウムケール・ザッツ)と謂っている定理であるが、

要するにアーベル体は類体なりということにぶつかった。当時これは、あまりにも意外なことなので、それは当然間違っていると思うた。間違いだろうと思うから、何処が間違っているんだか、専らそれを探す。その頃は、少し神経衰弱に成りかかったような気がする。よく夢を見た。夢の裡で疑問が解けたと思って、起きてやってみると、まるで違っている。何が間違いか、実例を探して見ても、間違いの実例が無い。大分長く間違いばかり探していたので、其の後理論が出来上った後にも自信が無い。どこかに一寸でも間違いがあると、理論全体が、その蟻の穴から毀われてしまう。外の科学は知らないが、数学では『大体良さそうだ』では通用しない。特に近くにチェックする人が無いので自信がなかったが、漸くのこと1920年に、チェックされる機会が来た。その年、大学教授の欧米巡廻ということで、外国へ往くことになった。その年にはストラスブルグで万国数学会議があったから、その時に持ってゆこうというので、急いで論文を書き上げたが、出発までに印刷が間に合わなくて、後から送って貰ったような状態であった。」
(前出「回顧と展望」より)

　常識と思われていることでも、また、どんなに偉い人の言葉でも、一度それを疑ってみることが、科学の新しい発見につながる、とよく言われる。髙木先生の場合も、そうだったようだ。遂に「髙木類体論」と呼ばれる理論を完成させると、1925年頃からハッセをはじめとするドイツの数学者たちが「髙木類体論」を講演や専門誌で報告し、髙木先生は国際的に知られる数学者となった。

解 説

「ヒルベルトが着手した類体論を、意表外の規模において完成し得たことは、私の幸運であった。有名であったクロネッカーの青春の夢も、そのコロラリー（系）、つまり、副産物として解決されて、数学界のセンセーションを起こした。1929年、ノルウェーの天才数学者アーベルの百年忌に際して、オスロ大学から名誉博士の称号を贈られた15人の中に、私も加えられたのは、アーベル体が類体であることの発見を記念するためであったろうと思う。」（初出『現代日本の百人』文藝春秋新社、前出『髙木貞治先生』収録」）

その後、1932年(57歳)に、チューリッヒで開かれた第9回国際数学者会議の副議長を、また、1936年(61歳)には、フィールズ賞の第1回審査委員を務めるなど、髙木先生はその時代を代表する国際的数学者としての重責を果たしている。因みに、フィールズ賞とはカナダのJ. C. フィールズ(1863-1932)の提唱によって、優れた若い数学者を顕彰し、その後の研究を応援しよう、という趣旨で1936年に設けられた賞のことである。4年に1度開かれる国際数学者会議で、40歳以下の若い数学者2〜4名に授与され、"数学のノーベル賞"などと言われることが多い。

研究以外でも、髙木先生は顕著な仕事を残されている。ひとつは『代数学講義』(1930年)、『初等整数論講義』(1931年)、『代数的整数論』(1935年〔1948年刊行〕)、『解析概論』(1938年)……と、日本の高等教育における数学の根幹を決定づける、大学生・大学院生向けのテキストを執筆されたことであり、それらはいまだに輝きを失うことなく読み継がれている。髙木先生の手による数学書は、論

理的流れに澱みが無く明快で、かつ単に知識を伝授するというに留まらず、読者に「なぜそういうアイディアが出てくるのか」ということを考えさせようという書き方をされている。私も、特に『解析概論』は思い出深い。大学の学部時代、独学で読み込み、また何度も読み直し、ハードカバーの表紙がボロボロになっては何度か買い直したものだった。

また、高等数学の大衆化に尽力した藤森良蔵(1882-1946)が発行していた雑誌「高数研究」に依頼され寄稿するほか、数学に関する様々な読み物「近世数学史談」(1931)、「数学雑談」(1933)、「数学小景」(1943)、「数学の自由性」(1949)を著し、その他数々のエッセイや講演録を残している。「高数研究」に関して、矢野健太郎(1912-1993)が、髙木先生のユーモラスな一面を紹介している。
「私が東京大学数学科の大学院の学生であったころだと思うが、当時私より二年後輩の田島一郎君が『高数研究』という雑誌の編集をしていた。(略)田島君はときどき髙木先生にお願いして、この雑誌に原稿を書いていただいていた。この雑誌にのる先生の文章は、いつもNとOとの対話の形をしていた。そして、Nが何かおかしなことを言うと、Oがそれをたしなめながら正しい数学的な議論を展開するという形をもっていた。私は、この雑誌に髙木先生の文章がのるたびに、このNとOとの対話を楽しく読んだ。あるとき田島君が、『矢野さんは、先生の文章に出てくるNという名前とOという名前のいわれを知っていますか』と聞くので、『そんなことは僕には判らないよ。髙木先生

に直接伺ってみたらいいだろう』と答えると、田島君は、『そんなこと先生に聞いてもいいかな』と言っていたが、思い切って先生に伺って、しばらくすると私につぎのように教えてくれた。『矢野さん、判ったよ。髙木先生に伺ったところ、NはNANJI（汝）、OはORE（俺）の頭文字だってさ』。なるほど、おかしなことを言うのは汝（you）であって、これをたしなめるのは俺というわけであった」（『ゆかいな数学者たち』矢野健太郎著、新潮文庫・新潮社）

　田島青年の意表を突く質問を髙木先生は面白がられたのではないだろうか。髙木先生の返答には、先生一流のユーモアが発揮されている。もうひとつ紹介しよう。

「微分学、積分学という言葉を御存知のことと思うが、微分学の定理であるのに、いままでは積分学を使って証明されているひとつの定理があった。そこで髙木先生は、微分学の定理ならば微分学の範囲内で証明する方が望ましいと考えられて、ついにその証明に成功され、それを『高数研究』で書かれた。証明を書いたら、それで終わりとするのが普通だが、髙木先生は証明の最後にもう一言付け加えられた。『昔から言うではありませんか。微分のことは微分でせよと』」（前出『ゆかいな数学者たち』より）

　"文は人なり"と言うが、髙木先生が書かれたエッセイ等からは、偉ぶらない人柄、人の心の機微を解する豊かな感性、それと同時に教養の高さが感じられる。

　1940年に、髙木貞治先生は、川合玉堂（ぎょくどう）（日本画）、西田幾多郎（哲学）、佐々木隆興（生化学・病理学）とともに文化勲章を授与された。第1回が長岡半太郎と本多光太郎、第

2回が髙木先生という具合である。

　1952年に髙木先生を訪ねた郷土糸貫町の高橋厳教育長（当時）は、「博士は自分が世間から『偉人』視されることはおきらいだったようである。最高の学問的な仕事をなしとげたことだけに満足して、社会的にはなるべく控え目につつましく生きてこられた生き方は、大層ゆかしく好ましいことに思われる。」（前出『髙木貞治先生』より）と書いている。

　髙木先生自身は、次のように述べている。
「私の生き方のうちに、とるべき点があるとするならば、この不精者は無理に大した勉強はしなかったが、しかし、出来るだけのことをしてきた、ということだろう。

　従って私は、私のした仕事のうちで何を残しておきたいか、ということなど別に考えない。残るべきものは残ろうし、また残らないでもいいものも残るかも知れまい。どうでもよいことだろう。むしろそれより大切なのは、常に生長（成長）するということではないか。（略）つい先頃の9月8日、国際数学会議が東京で開催された。新聞にも大々的に報道され、（略）『これは日本の数学が世界的レベルに達している裏付けである』と、ほめられていたようである。果たして、多くの人が言うように『紙と鉛筆』で研究できる学問では、日本も世界的頭脳に伍してひけをとらないかどうか。（略）私はそうした考え方には、あまり賛成はしないのである。（略）小成に甘んじることを恥じ、これからでも結構だ、その努力いかんによっては、もっと伸びるであろうとする考え方を、私はとる。恥ずべきを知ることこ

解 説

そ、いまのわが国に最も肝要であるまいか。

更に贅言（ぜいげん）を附加しよう。日本の数学ということ自体、滑稽である。日本の数学、ドイツの数学、ソヴェトの数学と、分けられる筈のあるものではあるまい。芸術と同様、科学にも、国境がまたないのである」（前出「一数学者の回想」より）

これは、1955年、80歳の時に書かれたものであるが、"小成に甘んじずに常に生長を心掛けよ"はまさに長岡半太郎の「勿嘗糟粕」の精神に通ずるものであり、ともに世界の先端の研究をし、国際的な科学研究者たちの輪の中にあった科学者だったからこその言葉であろう。また、大変な戦争を経（へ）て間もない時期であったことを考えると、世界から孤立していった戦前の日本に対する反省を忘れてはならないと言いたかったのかもしれない。髙木先生の人生観には、"世界最高峰の数学者ヒルベルトが、人間的にも高潔で得々とせず、人を分け隔てなく大切にし、自分は常に成長し続けようとした人物であったのを身近に見てきたこと"が大きく影響を及ぼしているのではないかと思われる。髙木先生によるヒルベルトについての記述には、尊敬とともに親愛の情が色濃く滲（にじ）み出ている。

「ドイツでその教えを受けた教授は、フロベニウス、クライン、ヒルベルトなど数多いが、最も関係深いのはヒルベルト（Hilbert）教授だった。

当時38歳前後の少壮の教授で、フランスのポアンカレとともに、当時第一等の数学者である。頭が禿げていたが、童顔で、いつも微笑を忘れなかった。その業績は非常

に多種多彩にわたり、困難な数学的課題に取り組まれた学者だったが、一つの課題に打ちこむと、既に前に解いた課題を忘れ果てているという、独特な健忘症があった。」(前出「一数学者の回想」より)

「1925、6年頃に私はヒルベルトから手紙を貰った。それは私の論文(『相対アーベル数体の理論について』[1920])をアンナーレン(当時ヒルベルトが編集委員を務めていた数学専門誌)に転載することを申込んで来たのであったが、その手紙の中に、ヒルベルトが代数的整数論の講義をするについて、『初めてお前の論文を読んだ』と書いて、そこの処へausführlichと書き入れがしてある。どうも1920年に受取った論文を25年に初めて読んだのでは、あまり気の毒だから、『初めて詳しく読んだ』ことにしたのであろう。ああ見えても、ヒルベルトは中々細心な所のある人であると思って、可笑しかった」(前出「回顧と展望」より)

　ヒルベルトとの交流は、その後も長く続いたことが知られている。1932年のチューリッヒでの国際会議の後、ヒルベルトのところに寄ってから帰国したことが次のように書かれている。

「Wilhelm Weber町29番地。H先生(ヒルベルト先生)のお宅も随分久しいものですねェ。(略)玄関は矢張り暗いが、勝手を知ったNさん(Prof. Dr. Emmy Noether、エミー・ネーター[1882-1935]：数学者。"数学の歴史において最も重要な女性"とアインシュタインらに評された。抽象代数と理論物理学に絶大な貢献をした)は殆ど案内を乞わないで、『来ましたよ』の科白と取次ぎに出た女中と

を跡に残して、さっさと例の客間へ僕を導きました。電話で言ってあったのでしょう、『承知していましたよ。よく来てくれましたねエ』と言いつつH先生は直ぐ出て来られました。今年丁度七十歳のH先生は血色もよく、昔ながらの童顔に微笑を湛えていられます。四五年前に先生は難治の重病で、(略)丁度アメリカで新薬が発見されて、其の為に一命を取り留めたということです。(略)療法の効験が現われて、今年チューリヒのコングレスへ出掛けるほどの元気が出たのです。

　H先生は一昨年か、退職の後にも大学で毎週一回位ずつ、自由に講義をしているそうです。例の数学基礎論などでしょう。(略)余生を楽しむなどは論外で、生きながらの餓鬼道ではありませんか。恐ろしいのは、これも不治なる知識追求症です。(略)H先生はしばしば話頭(話題)を転じました。社会問題といったようなものも出ました。人間があまりに多い。地球があまりに狭い。しかし科学の進歩は、どうにかして難局を打開するだろう、等等。(略)話は段々超越的になりました。『予は人間の無窮の進歩を確信する。そもそも人間の歴史の五千年などは時の無究に比べて零である。(略)』近頃先生はWellsの世界史概説を愛読しておられるそうです(略)。先生が証明論の休み休みに、Wellsを読んだり、十億年間の人間の進歩について瞑想したりしていられるならば、それは誠に結構です。(略)先ずはめでたし、めでたし！」(「ヒルベルト訪問記」より　岩波講座「数学」1932年11月、前出『近世数学史談』収録)

9. 本書『数の概念』について

前節まで髙木先生の人生の足跡を辿ってきたが、本節ではそのまとめとして、髙木先生が本書『数の概念』(1949年8月、74歳の時に出版)を執筆した意味について考えてみたいと思う。

本書の「序」で髙木先生は読者に次のように問いかけている。

ランダウは、うちの娘などは大学で理系を専攻し卒業したが、$xy = yx$ がどうしてそうなるのか、よくわかっていないようであると言う。また、デデキントは彼の名著『連続性と無理数』以前に、たとえば $\sqrt{2} \cdot \sqrt{3} = \sqrt{6}$ が成り立つことが正確に証明されたことがなかったことを例にあげて、数学教育の主眼は論理的訓練にあるはずなのに、こういった問題がいいかげんにされていることを痛烈に非難している。$xy = yx$ にしても、$\sqrt{2} \cdot \sqrt{3} = \sqrt{6}$ にしても、それらはそのように成り立つものとして知っている人は多いが、どうしてそうなるのか、どうやってそのことを証明するのか、ということについてきちんと考えたことのある人は、現在の時代であっても、やはりほとんどいないのではないだろうか？

本書は、「数学を考えるうえで大原則としている"数についての概念や公理"が、そもそも完全なものなのかどうか、そこに立ち返ってみよう、数についての公理系を構築してみよう」という趣旨の本である。このことに関連して髙木先生は既に1934年頃、次のようなことを述べている。

解　説

「建て物を上に上に増築していったとき、相当高いところまで増築した段階で我に返り、さてこの建て物はぐらついたり崩壊したりしやしないだろうかと心配になる。そもそもの建て物の土台となっている地下の基礎工事がどうだったろうか、増築するために不備があるというなら補強しなければならない……と気になり始めるものだ。このようなことが昨今数学の世界に起きて、数学基礎論がホット・トピックになっている。」

　ここでいう"建て物"が"数学"であり、"増築"された部分というのが"次から次に新たに発見されていく定理"、"土台の基礎工事"に当たるのが"概念と公理"である。当時の数学界で、数学基礎論をホット・トピックにした人物の一人は、またしてもヒルベルトだった。そのあたりの経緯をごく大雑把に紹介しよう。

　そもそも公理体系というものをつくったのは、紀元前300年頃に活躍した古代ギリシアの数学者ユークリッドである。ユークリッドは、古代ギリシアで考えられてきた様々な数学の問題や図形の性質を、命題（定理）とその証明という形で『原論』と呼ばれる13巻の書物にまとめ上げた。特に平面幾何に関しての内容は第1巻から第6巻までである。古代ギリシアでは、幾何学の創始者といわれるタレス（紀元前7〜6世紀に活躍）をはじめ、ピタゴラス学派などによって、様々な幾何の定理や性質が見つけられていた。しかし、それらは個々に得られたものであり、また、証明などなしにあくまでも測量などの実用目的で使われている性質のものに過ぎなかったりした。これらを、「"使わ

れる言葉の意味を明確に定めた定義"と"証明しないで正しいと認めてしまう幾つかの命題（公理）"」を予め定めておくことから始めて、「新たな命題が正しいことを、定義と公理とその命題の前に既に証明済みの命題だけを使って論理的に証明する」という形式で、既に知られていた諸々の幾何学の定理を論理的にまとめ上げたのが、ユークリッドの『原論』に記された幾何学、すなわちユークリッド幾何学といわれるものの始まりである。これによって、そもそも実用目的で始まった幾何学が理論的学問体系を成すものになったのだった。ユークリッドが定めた定義と公理を土台に、その後次々と証明されていく幾何学の定理によって、ユークリッド幾何学の研究は発展を遂げていった。

　ところが、1820年代になって、ロシアのロバチェフスキーやハンガリーのJ・ボーヤイがユークリッド幾何学の公理の中のひとつ"平行線の公理"「2本の平行線は永遠に交わることがない」だけを変えた公理体系のもとで、従来の幾何学とは全く性質の異なる幾何学の世界が展開できることを示した。あまりに現実からかけ離れていて、抽象的だ、空論だとされていたこの新しいアイディアが一般に認められるようになったのは、1870年にクラインが、"ユークリッド幾何学の公理体系と非ユークリッド幾何学の公理体系の無矛盾性が相互的であること"、つまりは"平行線の公理を変えると、それに応じて異なる非ユークリッド幾何学が得られること"を示してからだった。しかし、このことが、「平行線の公理以外の公理も、変えても構わないものなのか？」、また、「既存の公理系は果たして完全なも

解説

のなのか？」という疑問を生んだのだった。この混沌とした状況を打破したのがヒルベルトだった。これまでに得られているユークリッド幾何学における既存のあらゆる定理が矛盾なく証明できる公理系を、ヒルベルトは集合論を使って論理的に構築してみせたのだ。1898年から1899年の冬にかけてゲッチンゲン大学の講義で初めて披露され、それが後々「ヒルベルトの幾何学基礎論」といわれるものになったのである。ここで、ヒルベルトは、公理系は次の3つの条件をみたさなければならないとした。

1. 公理系は完全であること。すなわち、すべての定理はこれらから得られるようなものであること。
2. 公理系は独立なものであること。すなわち、公理系から任意にひとつの命題を除いた場合、もはや証明不可能になるような定理が存在すること。
3. 公理系は無矛盾であること。すなわち、それらから互いに相矛盾するような諸定理を証明することが不可能であること。

この"ヒルベルトの幾何学に対する公理体系構築の成功"を機に、幾何学以外の数学においても完璧な公理系を打ち立てようという気運が高まったのだった。前述したヒルベルトの23題の問題のうち第2の問題はまさにこれを問うたものである。ゲーデル（1906-1978）がこの問いに対して否定的な"不完全性定理"を発表したのは、それから30年後のことである。このように"完璧な公理系を打ち立て

よう"という気運は不完全性定理に水を差された形にはなったが、数学研究の世界で日々行われていることは相変わらず"(万全な)公理体系があることを前提としたうえで、論理的に矛盾のない新たな命題(定理)を導く"という作業である。その活動を行う以上、やはり出来るだけ完璧な公理体系の基盤を確認しておきたいと考えるのは自然なことであり、そうでなければ、グラグラした土台の上に"定理"というブロックを積み上げているのではないかという不安は残ったままになる。

　本書は、ヒルベルトの考えに立って、解析学等の土台となる"数の概念に対する公理系の構築を試みてみよう"というものである。髙木先生の数学書らしく、論理的に澱みなく、目的に向かって明快に展開していく。髙木先生は1934年の大阪帝国大学における講演で数学基礎論について次のように語っている。

「昔は数学基礎論は無精者がやったものだが、近頃は面倒になって長い式なんかが出て来て無精者には向かない。私どもは数学基礎論の簡単明瞭なることを欲するが、その反対で甚だ技術的なものになっている。それは素人の考えである。先年(1933年)、Wienへ行ったが、あそこでは基礎論に興味をもつ人——専門家にGödel(ゲーデル)をはじめとして——が大勢いるが、私が基礎論が今少し簡単明瞭にならないものかと言ったら笑っていました。」(初出「過渡期の数学——数学基礎論と集合論」、前出『数学の自由性』収録)

　数学を考えるための、そもそもの土台となる"公理系の構築を考えること"は、"公理系を当たり前の前提として

面白い数学の命題や定理について考えること"に比べて、「なんとか簡単明瞭に済ませられないか」と思ってしまうような題材であることは否めない。しかし、このような題材であっても、髙木先生の筆で進められると、読み進めていくうちに、キビキビとした論理的な展開に魅せられ、清々しさささえ感じられる。不朽の名著である。

10. 髙木貞治博士記念室と本巣市の数学まちづくり

　髙木貞治先生の生誕地である岐阜県本巣市では、髙木先生の偉業を称え、市全体で数学のまちづくりを行い、ユニークな活動に取り組んでいる。そのいくつかを紹介しよう。

　子どもたちの数学への興味、関心を高め、楽しみながら科学的思考力を伸長させる取り組みとして、髙木先生ゆかりの地を回り、そこで算数の問題を楽しく解く算数ウォークラリー、算数を体感するプログラムの実施、算数・数学研究作品展や、算数・数学甲子園の開催、本巣市独自の授業カリキュラムの作成、数学者による記念講演会の定期的な開催など、楽しそうな活動が多数行われている。

　さらに、髙木貞治博士記念室を本巣市の学習拠点に据え、市民に数学をより身近に感じてもらうための広報活動も活発に行っている。是非一度、髙木貞治博士記念室に足を運んで、髙木先生の偉業を体感していただきたい。

髙木貞治博士記念室
http://www.city.motosu.lg.jp/life/kyouiku/suugaku/
takagiteijihakasekinensitu.html

　　　　　＊　　　　　　＊　　　　　　＊

　長々と綴らせていただいたが、髙木先生の偉業と高潔な人柄が多くの人によって末永く語り継がれ、また、髙木先生の残された著作物が末永く多くの人に読み継がれることを願って、筆をおきたい。

　　　　　　　　　　　　　　2019年9月吉日　秋山 仁

　　　　　※注　引用文中の(　)内は、筆者による補記である。

〈解説 引用及び参考文献一覧〉

『高木貞治物語 糸貫町出身の世界的数学者』高木貞治博士顕彰会、糸貫数学校研究会編、2001年、岐阜県本巣郡糸貫町教育委員会

『高木貞治先生 世界数学界 世紀の金字塔』高木貞治博士顕彰会編、1993年、高木貞治博士顕彰会

『近世数学史談』高木貞治著、岩波文庫、2002年第6刷版、岩波書店

『数学の自由性』高木貞治著、ちくま学芸文庫、2010年第2刷版 筑摩書房

『代数的整数論 第2版』高木貞治著、1997年版、岩波書店

『解析概論 改訂第3版』高木貞治著、1983年版、岩波書店

『代数学講義 改訂新版』高木貞治著、1965年版、共立出版

『初等整数論講義 第2版』高木貞治著、1971年版、共立出版

『量子力学と私』朝永振一郎著、江沢洋編、岩波文庫、2008年第10刷版、岩波書店

『旅人 ある物理学者の回想』湯川秀樹著、角川ソフィア文庫、2011年版、KADOKAWA

『明治・父・アメリカ』星新一、新潮文庫、2018年第27刷版、新潮社

『ゆかいな数学者たち』矢野健太郎、新潮文庫、1981年版、新潮社

『おかしなおかしな数学者たち』矢野健太郎、新潮文庫、1984年版、新潮社

『数学をつくった人びと第Ⅱ、第Ⅲ巻』E. T. ベル著、田中勇・銀林浩訳、ハヤカワ ノンフィクション文庫、2003年版、早川書房

『ヒルベルト 現代数学の巨峰』C．リード著、彌永健一訳、岩波現代文庫、2010年版、岩波書店

『天才数学者たちが挑んだ最大の難問 フェルマーの最終定理が解けるまで』アミール・D・アクゼル著、吉永良正訳、ハヤカワ ノンフィクション文庫、2003年版、早川書房

『群の発見』原田耕一郎著、2002年版、岩波書店

『シンメトリーとモンスター 数学の美を求めて』マーク・ロナン著、宮本雅彦・宮本恭子訳、2008年版、岩波書店

『山川健次郎伝 白虎隊士から帝大総長へ』星亮一著、2003年版、平凡社

『無限の天才 夭逝の数学者・ラマヌジャン』ロバート・カニーゲル著、田中靖夫訳、1994年版、工作舎

『数学は歴史をどう変えてきたか ピラミッド建設から無限の探求へ』アン・ルーニー著、吉富節子訳、2013年版、東京書籍

『The MαTH βOOK:From Pythagoras to the 57th Dimension, 250 Milestones in the History of Mathematics』 Clifford A. Pickover, 2009年版, STERLING

「長岡半太郎は凄い物理学者だった！」れきし上の人物.com、執筆pinon, r-ijin.com/na

「東京理科大学、建学者たちの人物伝レポート」東京理科大学

『大数学者に学ぶ入試数学ⅠA』 秋山仁監修、1997年、数研出版

さくいん

【あ行】

表わす　　　　　　　　　　120
アルキメデスの原則　　94, 95,
　　　　　　　　　　118, 134
一次元連続体　　　　　　76, 91,
　　　　　　　　　111, 115, 117
移動律　　　　　　　　74, 130
上組(後部)　　　75, 77, 95, 126

【か行】

下界　　　　　　32, 81, 82, 137
下限　　　　　　　　81, 82, 87
かぞえうる
(countable, abzählbar)　　50
合併集合(結び、結)　15, 69, 113
可附番　　4, 50, 69, 110, 111, 112
加法　　　5, 32, 33, 60, 88, 93, 121
加法群(アーベル群)　　　　118
加法公理　　　　　88, 97, 98, 99,
　　　　　　　111, 117, 126, 131
加法の可能性　　　　　　6, 88
加法の単調性　38, 88, 99, 118, 135
環(cycle)　　　　　29, 52, 55
カントル(Cantor)　　　6, 119,
　　　　　　　　　　123, 125
帰納法　　　　　34, 39, 44, 48
基本列　　119, 120, 121, 122, 123
規約的(conventional)　　　111
共通分(交わり、交)　　　15, 26
極限　　　　　　　　　84, 85
空集合　　　　　　　　　　15
区間　　　　　　　　　　　84
群論　　　　　　　　　89, 133
計量数(cardinal number)
　　　　　　　　20, 47, 48, 49
計量の可能性
(measurability)　　　　　88
結合　　　　　　　　　17, 134
結合法　　　　　　　　　　132
結合律　　　　36, 41, 88, 90, 120
減少列　　　　　　　　　　84
元素(元)　　13, 14, 69, 74, 126
元素の数　　　　　　　　47, 54
原像　　　　　　　　　　16, 17
減法　　　　　　37, 55, 89, 120
減法の可能性　　　　88, 98, 132
交換律　　　　　　　　36, 40, 88,
　　　　　　120, 131, 134, 136
公度(common measure)　　93
恒等(identical)　　　　　　21
恒等対応　　　　　　17, 24, 54
降列(regression)　　　　25, 26

【さ行】

最小元素(最小元)　　　74, 75, 76
最大元素(最大元)
　　　　　　　　48, 49, 74, 75, 76

定める	59, 120, 126
自己対応	4, 17, 21, 53
自然数(natural number)	14, 20, 46, 47, 49, 50, 52, 55, 91
下組(前部)	75, 76, 77, 78, 79, 82, 126
十進法	106, 108, 109, 110
実数論	6, 99, 101, 119, 123
指標(characteristic)	54, 55
写像(写像する)	16, 17, 44
集合	13, 14, 20, 68, 74, 122
集合論	13, 117
集積する	83, 84
集積点	86, 87, 101
収斂(収斂する)	84, 99
順序	6, 20, 66, 74, 115
順序集合(ordered set)	5, 68, 74, 75, 76, 117, 126
順序数(ordinal number)	20
上界	32, 81, 97
上限	81, 82, 94, 124
乗法	38, 39, 63, 65, 101, 104
昇列(progression)	25, 26, 27
除法	101
除法の可能性	105, 124
真の部分集合	14, 30, 48, 50, 51
推移的	58, 67
数学的帰納法	28, 46, 113
隙(すき、gap)	75
整数論	55
正の数(正)	38, 46, 47, 70, 90, 105, 121
絶対値	59, 90
切断(cut, Schnitt)	75, 76, 77, 78, 95, 96, 116
線型連続体(linear continuum)	76
選択公理	51, 113
双対元	89
双対的(dual, reciprocal)	26, 32, 47, 81
増大列	84

【た行】

対角線的操作	45
対称的	58
単調性	105, 106, 124
単調列	84, 85
稠密(dense)	6, 70, 75, 79
稠密集合	75, 76, 77, 80, 114, 122
稠密性	68, 91, 113
超限順序数	117
跳躍(leap)	75, 76
直後の元	74, 75
直前の元	74, 75
通約(通約される commensurable)	93, 125
デデキンド(デデキント Dedekind)	52, 76, 99, 115, 119, 123, 125
同型	43, 44
同値	58, 59, 120
同等である	17
等分の可能性	91

【は行】

反射的	58
反復(iteration)	32, 38
非対称的	67
非反射的	67
表現される	59
不可分(irreducible)	4, 22, 23, 24
複素数	6
負の数(負)	38, 47, 90, 121
部分集合	14, 24, 50, 81
分散集合	76
分散的(discrete)	74, 75
分子	58
分配律	40, 65, 90, 104
分母	58
Peano(ペアノ)の公理	46, 47
巾根(冪根)	124, 126

【ま行】

無限界	70, 71, 72
無限集合	49, 50, 52, 112
無限列	4, 29, 43, 55, 99
無理数	3, 80, 81, 109, 125
メレー(Méray)	119

【や行】

有界	32, 70, 81, 82, 108, 122
ユークリッド	115, 125
有限集合	4, 47, 48, 49, 52, 70
余集合	16, 23, 54, 76

【ら行】

類	22, 59, 120
零	89
零列	119, 120, 121
連鎖(chain)	23, 24
連続(continuous)	76, 80, 116, 134
連続公理	111, 115, 131
連続集合	6, 74, 76, 77, 80, 81, 82
連続性	3, 5, 88, 104, 118, 134

【わ行】

ワイヤストラス	125

本書は『数の概念』(1949年、1970年改定版　岩波書店)を底本としました。
句読点については読みやすさを考慮し、「,」を「、」に「.」を「。」としています。

N.D.C.412　208p　18cm

ブルーバックス　B-2114

数の概念
(すう)　(がいねん)

2019年10月20日　第1刷発行
2024年9月13日　第3刷発行

著者　髙木貞治(たかぎていじ)
発行者　森田浩章
発行所　株式会社講談社
　　　　〒112-8001 東京都文京区音羽2-12-21
電話　出版　03-5395-3524
　　　販売　03-5395-4415
　　　業務　03-5395-3615
印刷所　(本文表紙印刷) 株式会社KPSプロダクツ
　　　　(カバー印刷) 信毎書籍印刷株式会社
製本所　株式会社KPSプロダクツ

定価はカバーに表示してあります。
落丁本・乱丁本は購入書店名を明記のうえ、小社業務宛にお送りください。
送料小社負担にてお取替えします。なお、この本についてのお問い合わせは、ブルーバックス宛にお願いいたします。
本書のコピー、スキャン、デジタル化等の無断複製は著作権法上での例外を除き禁じられています。本書を代行業者等の第三者に依頼してスキャンやデジタル化することはたとえ個人や家庭内の利用でも著作権法違反です。
R〈日本複製権センター委託出版物〉複写を希望される場合は、日本複製権センター（電話03-6809-1281）にご連絡ください。

ISBN978-4-06-517067-0

発刊のことば

科学をあなたのポケットに

　二十世紀最大の特色は、それが科学時代であるということです。科学は日に日に進歩を続け、止まるところを知りません。ひと昔前の夢物語もどんどん現実化しており、今やわれわれの生活のすべてが、科学によってゆり動かされているといっても過言ではないでしょう。

　そのような背景を考えれば、学者や学生はもちろん、産業人も、セールスマンも、ジャーナリストも、家庭の主婦も、みんなが科学を知らなければ、時代の流れに逆らうことになるでしょう。ブルーバックス発刊の意義と**必然性**はそこにあります。このシリーズは、読む人に科学的に物を考える習慣と、科学的に物を見る目を養っていただくことを最大の目標にしています。そのためには、単に原理や法則の解説に終始するのではなくて、政治や経済など、社会科学や人文科学にも関連させて、広い視野から問題を追究していきます。科学はむずかしいという先入観を改める表現と構成、それも類書にないブルーバックスの特色であると信じます。

一九六三年九月

野間省一

ブルーバックス　数学関係書（I）

- 116　推計学のすすめ　佐藤信
- 120　統計でウソをつく法　ダレル・ハフ／高木秀玄=訳
- 177　解ければ天才！　算数100の難問・奇問　C・レイド／芹沢正三=訳
- 325　現代数学小事典　寺阪英孝=編
- 722　虚数 i の不思議　中村義作
- 833　対数 e の不思議　堀場芳数
- 862　原因をさぐる統計学　堀場芳数
- 926　自然にひそむ数学　佐藤修一
- 1003　道具としての微分方程式　斎藤恭一
- 1013　違いを見ぬく統計学　豊田秀樹
- 1037　マンガ　微積分入門　岡部恒治／藤岡文世=絵
- 1201　高校数学とっておき勉強法　鍵本聡
- 1243　マンガ　おはなし数学史　仲田紀夫=原作／柳田晴夫=漫画
- 1312　集合とはなにか　新装版　竹内外史
- 1332　確率・統計であばくギャンブルのからくり　谷岡一郎
- 1353　算数パズル「出しっこ問題」傑作選　仲田紀夫
- 1366　数学版　これを英語で言えますか？　保江邦夫=著／E・ネルソン=監修
- 1383　高校数学でわかるマクスウェル方程式　竹内淳
- 1386　素数入門　芹沢正三
- 1407　入試数学　伝説の良問100　安田亨

- 1419　パズルでひらめく　補助線の幾何学　中村義作
- 1429　数学21世紀の7大難問　中村亨
- 1433　大人のための算数練習帳　佐藤恒雄
- 1453　大人のための算数練習帳　図形問題編　佐藤恒雄
- 1479　なるほど高校数学　三角関数の物語　原岡喜重
- 1490　暗号の数理　改訂新版　一松信
- 1493　計算力を強くする　鍵本聡
- 1536　計算力を強くする part2　鍵本聡
- 1547　広中杯　ハイレベル　算数オリンピック委員会=監修／田栗正章／C・R・ラオ／藤越康祝＝解説
- 1557　やさしい統計入門　柳井晴夫／C・R・ラオ
- 1595　数論入門　芹沢正三
- 1598　なるほど高校数学　ベクトルの物語　原岡喜重
- 1606　関数とはなんだろう　山根英司
- 1619　離散数学「数え上げ理論」　野﨑昭弘
- 1620　高校数学でわかるボルツマンの原理　竹内淳
- 1629　計算力を強くする　完全ドリル　鍵本聡
- 1657　高校数学でわかるフーリエ変換　竹内淳
- 1677　新体系　高校数学の教科書（上）　芳沢光雄
- 1678　新体系　高校数学の教科書（下）　芳沢光雄
- 1684　ガロアの群論　中村亨

ブルーバックス　数学関係書（Ⅱ）

年	書名	著者
1704	高校数学でわかる線形代数	竹内淳
1724	ウソを見破る統計学	神永正博
1738	物理数学の直観的方法（普及版）	長沼伸一郎
1740	マンガで読む　計算力を強くする	がそんみは"マンガ銀本社"構成
1743	大学入試問題で語る数論の世界	清水健一
1757	高校数学でわかる統計学	竹内淳
1764	新体系　中学数学の教科書（上）	芳沢光雄
1765	新体系　中学数学の教科書（下）	芳沢光雄
1770	連分数のふしぎ	木村俊一
1782	はじめてのゲーム理論	川越敏司
1784	確率・統計でわかる「金融リスク」のからくり	吉本佳生
1786	［超］入門　微分積分	神永正博
1788	複素数とはなにか	示野信一
1795	シャノンの情報理論入門	高岡詠子
1808	不完全性定理とはなにか	竹内薫
1810	オイラーの公式がわかる	原岡喜重
1818	世界は2乗でできている	小島寛之
1819	算数オリンピックに挑戦 '08〜'12年度版	算数オリンピック委員会=編
1822	マンガ　線形代数入門	鍵本聡=原作／北垣絵美=漫画
1823	三角形の七不思議	細矢治夫
1828	リーマン予想とはなにか	中村亨
1833	超絶難問論理パズル	小野田博一
1841	難関入試　算数速攻術	中川塾りつこ=画
1851	チューリングの計算理論入門	高岡詠子
1880	非ユークリッド幾何の世界　新装版	寺阪英孝
1888	直感を裏切る数学	神永正博
1890	ようこそ「多変量解析」クラブへ	小野田博一
1893	逆問題の考え方	上村豊
1897	算法勝負！「江戸の数学」に挑戦	山根誠司
1906	ロジックの世界	ダン・クライアン／シャロン・シュアティル／ビル・メイブリン=絵　田中一之=訳
1907	素数が奏でる物語	西来路文朗／清水健一
1917	群論入門	芳沢光雄
1921	数学ロングトレイル「大学への数学」に挑戦	山下光雄
1927	確率を攻略する	小島寛之
1933	［P≠NP］問題	野﨑昭弘
1941	数学ロングトレイル「大学への数学」に挑戦　ベクトル編	山下光雄
1942	数学ロングトレイル「大学への数学」に挑戦　関数編	山下光雄
1961	曲線の秘密	松下泰雄
1967	世の中の真実がわかる「確率」入門	小林道正

ブルーバックス　数学関係書 (III)

- 1968 脳・心・人工知能 　甘利俊一
- 1969 四色問題 　一松 信
- 1984 経済数学の直観的方法　マクロ経済学編 　長沼伸一郎
- 1985 経済数学の直観的方法　確率・統計編 　長沼伸一郎
- 1998 結果から原因を推理する「超」入門ベイズ統計 　石村貞夫
- 2001 人工知能はいかにして強くなるのか？ 　小野田博一
- 2003 素数はめぐる 　西来路健一朗
- 2023 曲がった空間の幾何学 　宮岡礼子
- 2033 ひらめきを生む「算数」思考術 　芳沢光雄
- 2035 現代暗号入門 　神永正博
- 2036 美しすぎる「数」の世界 　安藤久雄
- 2043 理系のための微分・積分復習帳 　清水健一
- 2046 方程式のガロア群 　竹内 淳
- 2059 離散数学「ものを分ける理論」 　金 重明
- 2065 学問の発見 　広中平祐
- 2069 今日から使える微分方程式　普及版 　飽本一裕
- 2079 はじめての解析学 　原岡喜重
- 2081 今日から使える物理数学　普及版 　岸野正剛
- 2085 今日から使える統計解析　普及版 　大村 平
- 2092 いやでも数学が面白くなる 　志村史夫
- 2093 今日から使えるフーリエ変換　普及版 　三谷政昭
- 2098 高校数学でわかる複素関数 　竹内 淳
- 2104 トポロジー入門 　都築卓司
- 2107 数学にとって証明とはなにか 　瀬山士郎
- 2110 高次元空間を見る方法 　小笠英志
- 2114 数の概念 　高木貞治
- 2118 道具としての微分方程式　偏微分編 　斎藤恭一
- 2121 離散数学入門 　芳沢光雄
- 2126 数の世界 　松岡 学
- 2137 有限の中の無限 　西来路文朗／清水健一
- 2141 今日から使える微積分　普及版 　大村 平
- 2147 円周率πの世界 　柳谷 晃
- 2153 多角形と多面体 　日比孝之
- 2160 多様体とは何か 　小笠英志
- 2161 なっとくする数学記号 　黒木哲徳
- 2167 三体問題 　浅田秀樹
- 2168 大学入試数学　不朽の名問100 　鈴木貫太郎
- 2171 四角形の七不思議 　細矢治夫
- 2178 数式図鑑 　横山明日希
- 2179 数学とはどんな学問か？ 　津田一郎
- 2182 マンガ　一晩でわかる中学数学 　端野洋子
- 2188 世界は「e」でできている 　金 重明

ブルーバックス　数学関係書 (IV)

2195
統計学が見つけた野球の真理

鳥越規央

ブルーバックス　パズル・クイズ関係書

番号	タイトル	著者
921	自分がわかる心理テスト	桂　戴作=監修／芦原　睦
1063	自分がわかる心理テストPART2	芦原　睦=監修
1353	算数パズル「出しっこ問題」傑作選	仲田紀夫
1366	数学版 これを英語で言えますか？	エドワード・ネルソン=監修／保江邦夫
1368	論理パズル「出しっこ問題」傑作選	小野田博一
1419	パズルでひらめく 補助線の幾何学	中村義作
1423	史上最強の論理パズル	小野田博一
1453	大人のための算数練習帳　図形問題編	佐藤恒雄
1474	クイズ 物理パズル50	田中　修
1720	傑作！物理パズル	ポール・G・ヒューイット／松森靖夫=編訳
1833	植物入門	小野田博一
2039	超絶難問論理パズル	中村義作
2104	世界の名作 数理パズル100	都築卓司
2120	トポロジー入門	後藤道夫
2174	子どもにウケる科学手品 ベスト版	小野田博一
	論理パズル100	

ブルーバックス　事典・辞典・図鑑関係書

番号	書名	編著者
325	現代数学小事典	寺阪英孝"編
569	毒物雑学事典	大木幸介
1084	図解 わかる電子回路	加藤 肇／見城尚志／髙橋久志
1150	音のなんでも小事典	日本音響学会"編
1188	金属なんでも小事典	増本 健"監修 ウォーク"編著
1439	味のなんでも小事典	日本味と匂学会"編
1484	単位171の新知識	星田直彦
1614	料理のなんでも小事典	日本調理科学会"編
1624	コンクリートなんでも小事典	土木学会関西支部"編／井上 晋"他編
1642	新・物理学事典	大槻義彦／大場一郎"編
1653	理系のための英語「キー構文」46	原田豊太郎
1660	図解 電車のメカニズム	宮本昌幸"編著
1676	図解 橋の科学	土木学会関西支部"他編 田中輝彦／渡邊英一
1761	声のなんでも小事典	米山文明"監修 和田美代子
1762	完全図解 宇宙手帳	渡辺勝巳"著（宇宙航空研究開発機構"JAXA"協力）
2028	図解 元素118の新知識	桜井 弘"編
2161	なっとくする数学記号	黒木哲徳
2178	数式図鑑	横山明日希

ブルーバックス　物理学関係書(I)

番号	書名	著者
79	相対性理論の世界	J・A・コールマン／中村誠太郎=訳
563	電磁波とはなにか	後藤尚久
584	10歳からの相対性理論	都筑卓司
733	紙ヒコーキで知る飛行の原理	小林昭夫
911	電気とはなにか	室岡義広
1012	量子力学が語る世界像	和田純夫
1084	図解 わかる電子回路	見城尚志／高橋久
1128	音のなんでも小事典	日本音響学会=編
1150	消えた反物質	小林誠
1174	原子爆弾	山田克哉
1205	図解 クォーク 第2版	南部陽一郎
1251	心は量子で語れるか	ロジャー・ペンローズ／中村和幸=訳
1259	光と電気のからくり	山田克哉
1310	「場」とはなんだろう	竹内薫
1380	四次元の世界（新装版）	都筑卓司
1383	高校数学でわかるマクスウェル方程式	竹内淳
1384	マックスウェルの悪魔（新装版）	都筑卓司
1385	不確定性原理（新装版）	都筑卓司
1390	熱とはなんだろう	竹内薫
1391	ミトコンドリア・ミステリー	林純一
1394	ニュートリノ天体物理学入門	小柴昌俊
1415	量子力学のからくり	山田克哉
1444	超ひも理論とはなにか	竹内薫
1452	流れのふしぎ	日本機械学会=編／石綿良三／根本光正=著
1469	量子コンピュータ	竹内繁樹
1470	高校数学でわかるシュレディンガー方程式	竹内淳
1483	新しい物性物理	伊達宗行
1487	ホーキング 虚時間の宇宙	竹内薫
1509	新しい高校物理の教科書	山本明利／左巻健男=編著
1569	電磁気学のABC（新装版）	福島肇
1583	熱力学で理解する化学反応のしくみ	平山令明
1591	発展コラム式 中学理科の教科書 第1分野〈物理・化学〉	滝川洋二=編
1605	マンガ 物理に強くなる	関口知彦=原作／鈴木みそ=漫画
1620	高校数学でわかるボルツマンの原理	竹内淳
1638	プリンキピアを読む	和田純夫
1642	新・物理学事典	大槻義彦／大場一郎=編
1648	量子テレポーテーション	古澤明
1657	高校数学でわかるフーリエ変換	竹内淳
1675	量子重力理論とはなにか	竹内薫
1697	インフレーション宇宙論	佐藤勝彦

ブルーバックス　物理学関係書(II)

No.	タイトル	著者
1701	光と色彩の科学	齋藤勝裕
1715	量子もつれとは何か	古澤 明
1716	「余剰次元」と逆二乗則の破れ	村田次郎
1720	傑作！物理パズル50	ポール・G・ヒューイット作／松森靖夫＝編訳
1728	ゼロからわかるブラックホール	大須賀健
1731	宇宙は本当にひとつなのか	村山 斉
1738	物理数学の直観的方法（普及版）	長沼伸一郎
1776	現代素粒子物語	中嶋 彰／KEK＝協力（高エネルギー加速器研究機構）
1780	オリンピックに勝つ物理学	望月 修
1799	宇宙になぜ我々が存在するのか	村山 斉
1803	高校数学でわかる相対性理論	竹内 淳
1815	大人のための高校物理復習帳	桑子 研
1827	大栗先生の超弦理論入門	大栗博司
1836	真空のからくり	山田克哉
1860	発展コラム式　中学理科の教科書　改訂版　物理・化学編	滝川洋二＝編
1867	高校数学でわかる流体力学	竹内 淳
1871	アンテナの仕組み	小暮裕明／小暮芳江
1894	エントロピーをめぐる冒険	鈴木 炎
1905	あっと驚く科学の数字　数から科学を読む研究会	
1912	マンガ　おはなし物理学史	小山慶太＝原作／佐々木ケン＝漫画
1924	謎解き・津波と波浪の物理	保坂直紀
1930	光と重力　ニュートンとアインシュタインが考えたこと	小山慶太
1932	天野先生の「青色LEDの世界」	天野 浩／福田大展
1937	輪廻する宇宙	横山順一
1940	すごいぞ！身のまわりの表面科学　日本表面科学会	
1960	超対称性理論とは何か	小林富雄
1961	曲線の秘密	松下泰雄
1970	高校数学でわかる光とレンズ	竹内 淳
1981	宇宙は「もつれ」でできている	ルイーザ・ギルダー／山田克哉＝監修／窪田恭子＝訳
1982	光と電磁気　ファラデーとマクスウェルが考えたこと	小山慶太
1983	重力波とはなにか	安東正樹
1986	ひとりで学べる電磁気学	中山正敏
2019	時空のからくり	山田克哉
2027	重力波で見える宇宙のはじまり	ピエール・ビネトリュイ／安東正樹＝監修／岡田好恵＝訳
2031	時間とはなんだろう	松浦 壮
2032	佐藤文隆先生の量子論	佐藤文隆
2040	ペンローズのねじれた四次元　増補新版	竹内 薫
2048	$E=mc^2$のからくり	山田克哉
2056	新しい1キログラムの測り方	臼田 孝

ブルーバックス 物理学関係書(Ⅲ)

- 2061 科学者はなぜ神を信じるのか　三田一郎
- 2078 独楽の科学　山崎詩郎
- 2087 [超]入門 相対性理論　福江 淳
- 2090 はじめての量子化学　平山令明
- 2091 いやでも物理が面白くなる 新版　志村史夫
- 2096 2つの粒子で世界がわかる　森 弘之
- 2100 プリンシピア 自然哲学の数学的原理 第Ⅰ編 物体の運動　アイザック・ニュートン 中野猿人=訳・注
- 2101 プリンシピア 自然哲学の数学的原理 第Ⅱ編 抵抗を及ぼす媒質内での物体の運動　アイザック・ニュートン 中野猿人=訳・注
- 2102 プリンシピア 自然哲学の数学的原理 第Ⅲ編 世界体系　アイザック・ニュートン 中野猿人=訳・注
- 2115 「ファインマン物理学」を読む 普及版 量子力学と相対性理論を中心として　竹内 薫
- 2124 時間はどこから来て、なぜ流れるのか?　吉田伸夫
- 2129 「ファインマン物理学」を読む 普及版 電磁気学を中心として　竹内 薫
- 2130 「ファインマン物理学」を読む 普及版 力学と熱力学を中心として　竹内 薫
- 2139 量子とはなんだろう　松浦 壮
- 2143 時間は逆戻りするのか　高水裕一

- 2162 トポロジカル物質とは何か　長谷川修司
- 2169 アインシュタイン方程式を読んだら「宇宙」が見えた　深川峻太郎
- 2183 早すぎた男 南部陽一郎物語　中嶋 彰
- 2193 思考実験 科学が生まれるとき　榛葉 豊
- 2194 宇宙を支配する[定数]　臼田 孝
- 2196 ゼロから学ぶ量子力学　竹内 薫

ブルーバックス　生物学関係書(I)

番号	タイトル	著者
1073	へんな虫はすごい虫	安富和男
1176	考える血管	児玉龍彦/浜窪隆雄
1341	食べ物としての動物たち	伊藤 宏
1391	ミトコンドリア・ミステリー	林 純一
1410	新しい発生生物学	木下 圭/浅島 誠
1427	筋肉はふしぎ	杉 晴夫
1439	味のなんでも小事典	日本味と匂学会=編
1472	DNA(上)	ジェームス・D・ワトソン/アンドリュー・ベリー 青木 薫=訳
1473	DNA(下)	ジェームス・D・ワトソン/アンドリュー・ベリー 青木 薫=訳
1474	クイズ 植物入門	田中 修
1507	新しい高校生物の教科書	栃内 新=編著 左巻健男
1528	新・細胞を読む	山科正平
1537	「退化」の進化学	犬塚則久
1538	進化しすぎた脳	池谷裕二
1565	これでナットク！植物の謎	日本植物生理学会=編
1592	発展コラム式 中学理科の教科書 第2分野（生物・地球・宇宙）	滝川洋二=編 石渡正志
1612	光合成とはなにか	園池公毅
1626	進化から見た病気	栃内 新
1637	分子進化のほぼ中立説	太田朋子
1647	インフルエンザ パンデミック	河岡義裕/堀本研子
1662	老化はなぜ進むのか 第2版	近藤祥司
1670	森が消えれば海も死ぬ	松永勝彦
1681	マンガ 統計学入門	アイリーン・V・マグネロ 神永正博=監訳 井口耕二=訳 ボーリン=絵
1712	図解 感覚器の進化	岩堀修明
1725	魚の行動習性を利用する釣り入門	川村軍蔵
1727	たんぱく質入門	武村政春
1730	iPS細胞とはなにか	朝日新聞大阪本社科学医療グループ
1792	二重らせん	ジェームス・D・ワトソン 江上不二夫/中村桂子=訳
1800	ゲノムが語る生命像	本庶 佑
1801	新しいウイルス入門	武村政春
1821	エピゲノムと生命	太田邦史
1829	これでナットク！植物の謎Part2	日本植物生理学会=編
1842	記憶のしくみ（上）	ラリー・R・スクワイア/エリック・R・カンデル 小西史朗/桐野 豊=監修
1843	記憶のしくみ（下）	ラリー・R・スクワイア/エリック・R・カンデル 小西史朗/桐野 豊=監修
1844	死なないやつら	長沼 毅
1849	分子からみた生物進化	宮田 隆
1853	図解 内臓の進化	岩堀修明

ブルーバックス　生物学関係書（Ⅱ）

- 1861 発色コラム式 中学理科の教科書 改訂版 生物・地球・宇宙編　石渡正志編　滝川洋二編
- 1872 もの忘れの脳科学　堂嶋大輔ほか監修　渡邊雄一郎監修　苧阪満里子
- 1874 マンガ 生物学に強くなる
- 1875 カラー図解 アメリカ版 大学生物学の教科書 第4巻 進化生物学　D・サダヴァ他　石崎泰樹／斎藤成也監訳
- 1876 カラー図解 アメリカ版 大学生物学の教科書 第5巻 生態学　D・サダヴァ他　石崎泰樹／斎藤成也監訳
- 1889 社会脳からみた認知症　伊古田俊夫
- 1898 哺乳類誕生 乳の獲得と進化の謎　酒井仙吉
- 1902 巨大ウイルスと第4のドメイン　武村政春
- 1923 コミュ障 動物性を失った人類　正高信男
- 1929 心臓の力　柿沼由彦
- 1943 神経とシナプスの科学　杉　晴夫
- 1944 細胞の中の分子生物学　森　和俊
- 1945 芸術脳の科学　塚田稔
- 1964 脳からみた自閉症　大隅典子
- 1990 カラー図解 進化の教科書 第1巻 進化の歴史　カール・ジンマー　ダグラス・J・エムレン　更科　功／石川牧子／国友良樹訳
- 1991 カラー図解 進化の教科書 第2巻 進化の理論　カール・ジンマー　ダグラス・J・エムレン　更科　功／石川牧子／国友良樹訳
- 1992 カラー図解 進化の教科書 第3巻 系統樹や生態から見た進化　カール・ジンマー　ダグラス・J・エムレン　更科　功／石川牧子／国友良樹訳
- 2010 生物はウイルスが進化させた　武村政春
- 2018 カラー図解 古生物たちのふしぎな世界　土屋　健／田中源吾協力
- 2034 DNAの98％は謎　小林武彦
- 2037 筋肉は本当にすごい　杉　晴夫
- 2070 我々はなぜ我々だけなのか　川端裕人／海部陽介監修
- 2088 植物たちの戦争　日本植物病理学会編著　藤倉克則・木村純子・海洋研究開発機構協力
- 2095 深海——極限の世界　藤倉克則／木村純子／海洋研究開発機構協力
- 2099 王家の遺伝子　石浦章一
- 2103 我々は生命を創れるのか　藤崎慎吾
- 2106 うんち学入門　増田隆一
- 2108 DNA鑑定　梅津和夫
- 2109 免疫の守護者 制御性T細胞とはなにか　坂口志文／塚崎朝子
- 2112 カラー図解 人体誕生　山科正平
- 2119 免疫力を強くする　宮坂昌之
- 2125 進化のからくり　千葉　聡
- 2136 生命はデジタルでできている　田口善弘
- 2146 ゲノム編集とはなにか　山本　卓
- 2154 細胞とはなんだろう　武村政春

ブルーバックス 生物学関係書 (Ⅲ)

- 2156 新型コロナ 7つの謎 宮坂昌之
- 2159 「顔」の進化 馬場悠男
- 2163 カラー図解 アメリカ版 新・大学生物学の教科書 第1巻 細胞生物学 D・サダヴァ他 石崎泰樹・中村千春=監訳 小松佳代子=訳
- 2164 カラー図解 アメリカ版 新・大学生物学の教科書 第2巻 分子遺伝学 D・サダヴァ他 石崎泰樹・中村千春=監訳 小松佳代子=訳
- 2165 カラー図解 アメリカ版 新・大学生物学の教科書 第3巻 分子生物学 D・サダヴァ他 石崎泰樹・中村千春=監訳 小松佳代子=訳
- 2166 新・遺伝子 森望
- 2184 寿命の科学 石田浩司
- 2186 図解 人類の進化 斎藤成也=編 海部陽介・米田穣・隅山健太ほか=著
- 2190 生命を守るしくみ オートファジー 吉森保
- 2197 日本人の「遺伝子」からみた 病気になりにくい体質のつくりかた 奥田昌子

ブルーバックス　地球科学関係書（I）

番号	タイトル	著者
1414	謎解き・海洋と大気の物理	保坂直紀
1510	新しい高校地学の教科書	杵島正記・松本直記＝編著
1592	発展コラム式 中学理科の教科書 第2分野（生物・地球・宇宙）	石渡正志＝編 左巻健男＝編著
1639	見えない巨大水脈 地下水の科学	日本地下水学会／井田徹治 滝川洋二＝編
1670	図解 気象学入門	古川武彦／大木勇人
1721	森が消えれば海も死ぬ 第2版	松永勝彦
1756	海はどうしてできたのか	藤岡換太郎
1804	山はどうしてできるのか	藤岡換太郎
1824	日本の深海	瀧澤美奈子
1834	図解 プレートテクトニクス入門	木村　学／大木勇人
1844	死なないやつら	長沼　毅
1865	発展コラム式 中学理科の教科書 改訂版 生物・地球・宇宙編	石渡正志＝編 滝川洋二＝編
1883	地球進化 46億年の物語	ロバート・ヘイゼン 円城寺守＝監訳 渡会圭子＝訳
1885	地球はどうしてできたのか	吉田晶樹
1905	川はどうしてできるのか	藤岡換太郎
1924	謎解き・津波と波浪の物理 あっと驚く科学の数字　数から科学を読む研究会	保坂直紀

番号	タイトル	著者
1925	地球を突き動かす超巨大火山	佐野貴司
1936	Q&A火山噴火127の疑問	日本火山学会＝編
1957	日本海 その深層で起こっていること	蒲生俊敬
1974	海の教科書	柏野祐二
1995	活断層地震はどこまで予測できるか	遠田晋次
2000	日本列島100万年史	山崎晴雄 久保純子
2002	地学ノススメ	鎌田浩毅
2004	人類と気候の10万年史	中川　毅
2008	地球はなぜ「水の惑星」なのか	唐戸俊一郎
2015	三つの石で地球がわかる	藤岡換太郎
2021	海に沈んだ大陸の謎	佐野貴司
2067	フォッサマグナ	藤岡換太郎
2068	太平洋 その深層で起こっていること	蒲生俊敬
2074	地球46億年 気候大変動	横山祐典
2075	日本列島の下では何が起きているのか	中島淳一
2094	富士山噴火と南海トラフ	鎌田浩毅
2095	深海――極限の世界	藤倉克則・木村純一＝編著 海洋研究開発機構＝協力
2097	海をめぐる不都合な物質	日本環境学会＝編著
2116	見えない絶景 深海底巨大地形	藤岡換太郎
2128	地球は特別な惑星か？	成田憲保
2132	地磁気逆転と「チバニアン」	菅沼悠介

ブルーバックス　地球科学関係書(Ⅱ)

- 2134 大陸と海洋の起源　アルフレッド・ウェゲナー　竹内均=訳　鎌田浩毅=解説
- 2148 温暖化で日本の海に何が起こるのか　山本智之
- 2180 インド洋 日本の気候を支配する謎の大海　蒲生俊敬
- 2181 図解・天気予報入門　古川武彦／大木勇人
- 2192 地球の中身　廣瀬敬